高职高专机电类专业“十三五”规划教材

数控铣床编程与操作

主　编　胡艳科　周少良
主　审　王一军　段金平

西安电子科技大学出版社

内 容 简 介

本书按照模块化、层次化教学要求整合教学内容，注重理论联系实际，突出“教、学、做”一体化的教学特色。其学习内容以企业需求为导向，合理配置专业化训练模块。本书内容主要由数控铣床基本操作、基本形状编程、组合零件编程、特征零件编程与加工、综合零件编程五个学习模块组成，是一本针对性、实用性较强的教材。

本书可作为中等职业学校、技工学校数控类专业的教材，也可作为企业技工培训用书。

图书在版编目（CIP）数据

数控铣床编程与操作 / 胡艳科，周少良主编. —西安：
西安电子科技大学出版社，2018.3(2018.9 重印)
ISBN 978-7-5606-4887-3

Ⅰ.① 数…　Ⅱ.① 胡…　② 周…　Ⅲ.① 数控机床—铣床—程序设计
② 数控机床—铣床—操作　Ⅳ.① TG547

中国版本图书馆 CIP 数据核字（2018）第 048981 号

策划编辑　杨丕勇
责任编辑　师　彬　杨丕勇
出版发行　西安电子科技大学出版社（西安市太白南路 2 号）
电　　话　(029)88242885　88201467　　邮　　编　710071
网　　址　www.xduph.com　　电子邮箱　xdupfxb001@163.com
经　　销　新华书店
印刷单位　北京虎彩文化传播有限公司
版　　次　2018 年 3 月第 1 版　2018 年 9 月第 3 次印刷
开　　本　787 毫米×1092 毫米　1/16　印张 9.875
字　　数　203 千字
定　　价　28.00 元
ISBN 978 – 7 – 5606 – 4887 – 3 / TG
XDUP 5189001-3

编写组成员

主　编　胡艳科　周少良

副主编　罗芳芳　黄　中　于定文　王俊民　曹炎文

参　编　申　凯　段绍娥　张前森　廖昌荣　宁伟嫦

单旭娇　刘　灵　王阳春　刘意花　李　双

廖　琼　陈　琼　罗　吒　朱秋香　雷铖国

夏揆安　陈　君　陈长江　周晓香　周　倩

刘高俊

主　审　王一军　段金平

顾　问　何东球　邱家才　刘忠贤

前　言

职业学校培养的是技能型人才，这类人才的主要作用是将已经成熟的技术知识转化为现实生产力和服务技能，并在生产第一线进行运用。为适应现代工业的发展需要，职业教育在课程设置和教学设计上要紧贴企业需求和职业学校的学生特点，加强课程建设和编写工学结合的教材，这已成为广大职业学校教学改革的重要任务。

本书按照模块化教学要求组织内容，凸显了工学结合、学用一致，理论联系实际，“教、学、做”一体化的教学特色。本书简明扼要，图文并茂，是一本针对性、实用性较强的教材。

本书学习内容以企业需求为导向，由易到难合理配置了五个专业化训练模块，包括数控铣床基本操作、基本形状编程、组合零件编程、特征零件编程与加工、综合零件编程。

本书的编者均为数控教学一线的“双师型”教师，他们从事数控教学多年，积累了丰富的理论与实践教学经验，并在省、市级数控技能大赛中获得过各种奖项。

本书编写工作具体分工如下：周少良、黄中、于定文、王俊民、曹炎文负责课程标准、教材大纲和编写格式的确定，胡艳科负责模块一、三、五的编写和校对，罗芳芳负责模块二、四的编写和校对，申凯、段绍娥、张前森、廖昌荣、王阳春、刘意花、李双负责统稿，宁伟嫦、单旭娇、刘灵负责其他辅助工作，廖琼、陈琼负责送审，罗吒、朱秋香、雷铖国、夏揆安、陈君、陈长江、周晓香、周倩、刘高俊负责收集资料。

由于编者水平有限，书中难免有不妥之处，恳请各位专家、读者批评指正。

编　者

2017年11月

目　录

模块一　数控铣床基本操作

项目一　认识数控铣床

项目目标

(1) 能够说出数控铣床的组成与分类、基本概念、发展史和应用，并了解数控机床的发展趋势。

(2) 能够说出数控铣床的主要技术参数，以及各参数的意义和作用。

(3) 简单了解数控铣床的工作原理与加工过程。

知识引导

1. 数控铣床概述

数控是数字控制的简称，带有数控装置的机床称为数控机床。数控铣床是数控机床的一种，它是采用数控系统控制的铣床，数控系统通过控制铣床 *X*、*Y*、*Z* 坐标轴的电机来带动铣床运动部件的动作顺序、移动量和进给速度，再加上对主轴的转速和转向的控制，从而自动加工出各种不同形状的轴类和盘类回转体零件。

(1) 数控机床：数字控制机床的简称，是一种装有程序控制系统的自动化机床。

(2) 数控系统：能按照零件加工程序的数字信息指令控制机床，完成零件加工的一种控制系统，是数控机床的核心组成部分。

(3) 数控技术：用数字、文字和符号组成的数字指令来实现一台或多台机械设备动作控制的技术。数控技术是柔性制造技术(FMS)、计算机集成制造系统(CIMS)和自适应柔性系统(AC)的基础技术，是现代机械制造业中的高新技术之一。它所控制的通常是位置、角度、速度等机械量和与机械能量流向有关的开关量。

(4) 数控程序：输入数控系统中的、使数控机床按一定的加工轨迹执行一个确定工作任务且具有特定代码和其他符号编码的一系列指令。

(5) 数控编程：编制程序时，编程人员应对图样规定的技术要求、零件的几何形状、尺寸精度要求等内容进行分析，确定加工方法和加工路线，进行数学计算，获得刀具轨迹数据；然后按数控机床规定的代码和程序格式，将被加工工件的尺寸、刀具运动中心轨迹、切削参数以及辅助功能(如换刀、主轴正反转、切削液开关等)信息编制成加工程序，并输入数控系统，由数控系统控制机床自动地进行加工。

问题：

(1) 常见的数控系统有哪些？

(2) 数控机床的种类有哪些？

(3) 根据对普通铣床的了解说说数控铣床的加工过程。

2．数控铣床的结构和组成

数控机床一般由输入/输出装置、数控装置、可编程控制器、伺服系统、检测反馈装置和机床主机等组成，如图 1-1 所示。因为数控铣床是数控机床的一种，所以数控铣床的结构和组成与数控机床相同。

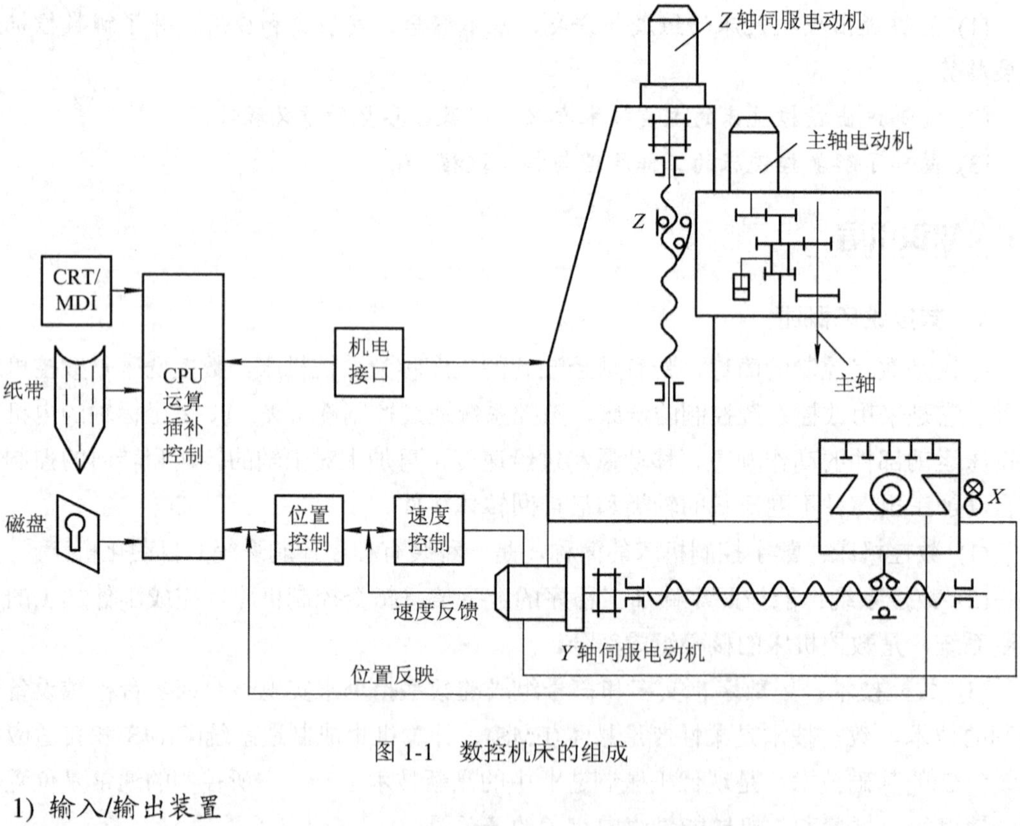

图 1-1　数控机床的组成

1) 输入/输出装置

输入装置可将不同加工信息传递给计算机。在数控机床产生的初期，输入装置为穿孔纸带，现已趋于淘汰。目前，使用硬盘、U 盘等大大方便了信息输入工作。

输出装置指输出内部工作参数(含机床正常、理想工作状态下的原始参数，故障诊断参数等)，一般在机床刚进入工作状态时需输出这些参数作记录保存，待工作一段时间后，再将输出与原始资料作比较、对照，可帮助判断机床工作是否维持正常。

2) 数控装置

数控装置是数控机床的核心。它接收输入装置送来的程序信息，经过译码等处理，将其转换为执行指令，输出给伺服系统，由伺服系统控制机床执行规定的动作。现在的数控装置通常由一台通用或专用计算机构成。

3) 可编程控制器

可编程控制器即 PLC，它对主轴单元实现控制，将程序中的转速指令进行处理而控制主轴转速。它可管理刀库，即进行自动刀具交换、选刀方式、刀具累计使用次数、刀具剩余寿命及刀具刃磨次数等管理；也可控制主轴正反转和停止、准停、切削液开关、卡盘夹紧松开、机械手取送刀等动作；还可对机床外部开关(行程开关、压力开关、温控开关等)进行控制；亦可对输出信号进行控制。

4) 伺服系统

伺服系统主要由驱动器和驱动电机组成。常见的驱动电机有步进电机、直流伺服电机、交流伺服电机等。

5) 检测反馈装置

检测反馈装置由检测元件和相应的电路组成，主要是检测速度和位移，并将信息反馈给数控装置，实现闭环控制，以保证数控机床的加工精度。

6) 机床主机

机床主机即数控机床的主体，包括床身、主轴、进给传动机构等机械部件。

问题：

(1) 数控铣床由哪几部分组成，各有何作用？

(2) 什么是数控装置？它由哪些部件组成？

(3) 什么是伺服系统？它由哪些部件组成？

3. 数控铣床的分类

1) 按机床主轴的布置形式及布局特点分类

按机床主轴的布置形式及布局特点分类，数控铣床可分为立式、卧式和立卧两用式三种。

(1) 立式数控铣床(如图 1-2 所示)。

① 特点：主轴轴线垂直于水平面，是数控铣床中最常见的一种布局形式，应用范围最广泛，其中以三轴联动铣床居多。

② 应用：主要用于水平面内的型面加工，增加数控分度头后可在圆柱表面上加工曲线沟槽。

图 1-2　立式数控铣床

(2) 卧式数控铣床(如图 1-3 所示)。

① 特点：主轴线平行于水平面。

② 应用：主要用于垂直平面内的各种上型面加工，配置万能数控转盘后，还可以对工件侧面上的连续回转轮廓进行加工，并能在一次安装后加工箱体零件的四个表面。通常采用增加数控转盘来实现四轴或五轴加工。

图 1-3　卧式数控铣床

(3) 立卧两用式数控铣床(如图 1-4 所示)。

① 特点：立卧两用式数控铣床的主轴轴线方向可以变换，既可以进行立式加工，又可以进行卧式加工，使用范围更大，功能更强。

② 应用：若采用数控万能主轴(主轴头可以任意转换方向)，就可以加工出与水平面成各种角度的工件表面；若采用数控回转工作台，还能对工件实现除定位面外的五面加工。

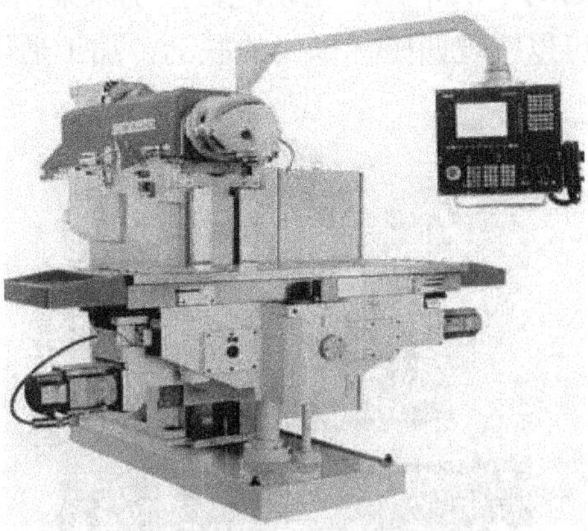

图 1-4　立卧两用式数控铣床

问题：
(1) 分别说出立式、卧式数控铣床加工工件的特点。
(2) 我们所使用的数控铣床是立式的还是卧式的？怎样判别？

2) 按数控系统的功能分类

按数控系统的功能分类，数控铣床可分为经济型数控铣床、全功能数控铣床和高速数控铣床等。

(1) 经济型数控铣床(如图 1-5 所示)。经济型数控铣床一般采用开环控制，可以实现三坐标联动。这种数控铣床成本较低，功能简单，加工精度不高，适用于不太复杂的零件加工。

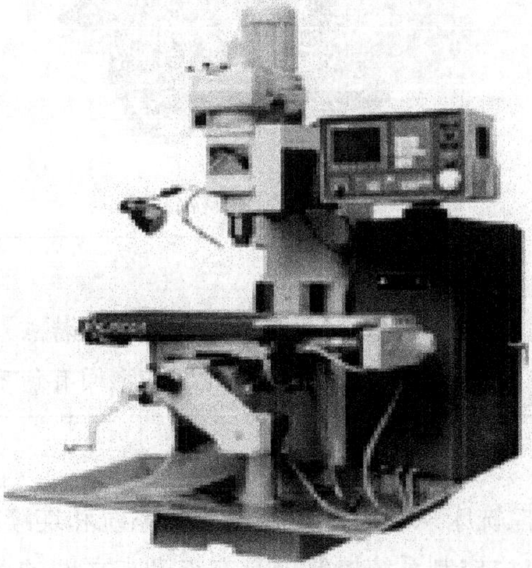

图 1-5　经济型数控铣床

(2) 全功能数控铣床(如图 1-6 所示)。全功能数控铣床采用闭环控制或半闭环控制，其数控系统功能丰富，一般可以实现四坐标以上的联动，加工适用性强，应用最广泛。

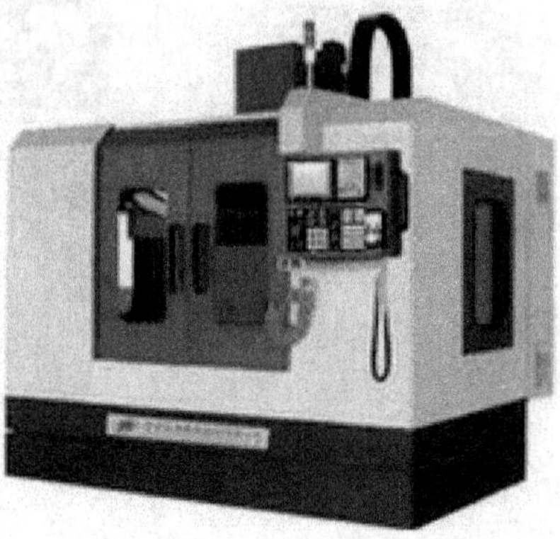

图 1-6　全功能数控铣床

(3) 高速数控铣床(如图 1-7 所示)。高速数控铣床是数控加工的一个发展方向，技术已经比较成熟，逐渐得到广泛应用。这种数控铣床采用全新的铣床结构、功能部件和功能强大的数控系统，并配以加工性能优越的刀具系统，加工时主轴转速一般为 8000～40 000 r/min，切削进给速度可达 10～60 m/min，可以对大面积的曲面进行高效率、高质量的加工。但目前这种铣床价格昂贵，使用成本比较高。

图 1-7　高速数控铣床

问题:

(1) 你能说出多少种类型的数控铣床？叙述其特点。

(2) 对比数控车床与数控铣床，谈谈它们之间有何不同。

3) 按控制系统分类

按控制系统分类，数控铣床系统可分为点位控制系统和连续轮廓控制系统。

(1) 点位控制系统。点位控制系统控制刀具在点到点之间的运动，并且只能在一个点位执行加工操作，如图 1-8 所示。常见的点位加工有钻削、铰削、镗削、攻螺纹、冲压等。

图 1-8　点位控制的刀具运动

(2) 连续轮廓控制系统。该控制系统不仅能控制机床移动部件的起点与终点坐标，而且能控制整个加工轮廓每一点的速度和位移，将工件加工成要求的轮廓形状，还可用于任意方向的直线铣削、圆弧铣削和空间曲面铣削等。一般而言，连续轮廓控制系统昂贵，但随着微电子技术的进步，其成本已经下降，现在大多数的数控铣床都已经安装了连续轮廓控制系统。连续轮廓控制的刀具运动如图 1-9 所示。

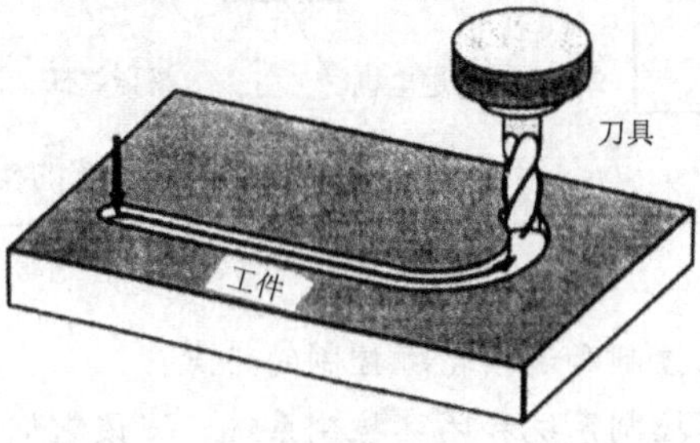

图 1-9　连续轮廓控制的刀具运动

4) 按控制刀具运动的反馈系统分类

目前，数控铣床有两种控制系统：一种是开环控制系统，另一种是闭环控制系统。

(1) 开环控制系统。开环控制系统采用步进电机驱动机床运动。电机每接收一个脉冲便旋转一个固定角度，通常是 1.8°。步进电机是由来自机床控制系统的脉冲信号驱动的。电机与工作台滚珠丝杠相连接，只要接收到一个脉冲信号，电机就驱动工作台移动一个固定位移；然后电机控制器返回一个信号表明电机已经完成了运动，此信号不再用于检测工作台实际位置与程序指定位置间的误差。开环控制系统的构成如图 1-10 所示。

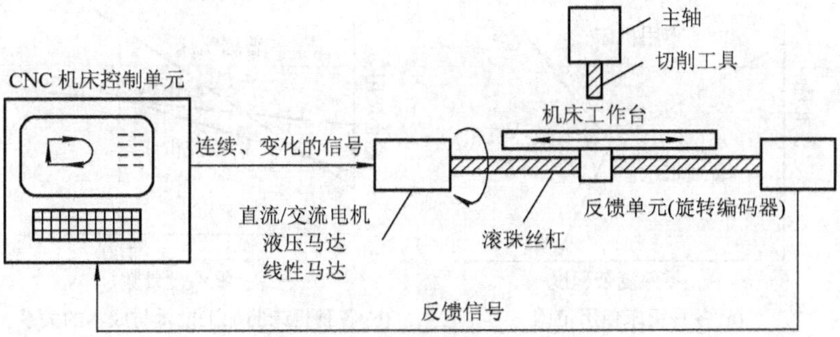

图 1-10　开环控制系统的构成

(2) 闭环控制系统。在闭环控制系统中，伺服电机驱动机床运动，并通过滚珠丝杠与工作台相连接。其类型主要有交流伺服电机和直流伺服电机。伺服电机与步进电机的工作方式不同，交流或直流伺服电机的转速取决于流过它们的电流大小。

闭环控制系统可分为全闭环和半闭环两种控制方式。

在全闭环控制系统中，使用光栅尺等直线位移测量元件，连续监视工作台的位移，并将这些信号送回机床控制系统。机床控制器能调整工作台位移以获得较高的定位精度。

在半闭环控制系统中，可以使用成本较低的旋转编码器代替工作台上的直线位移测量元件，用以测量丝杠或电机旋转角度。半闭环控制系统的构成如图 1-11 所示。

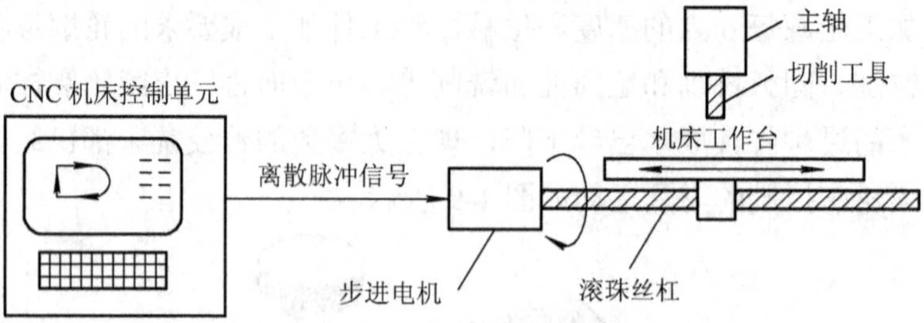

图 1-11　半闭环控制系统的构成

问题:

(1) 叙述点位控制和连续轮廓控制的特点。

(2) 对比开环控制系统和闭环控制系统，谈谈它们之间有何不同。

4. 数控铣床的应用

1) 数控机床的应用范围

数控机床与普通机床相比，具有许多优点，应用范围不断扩大。但是，数控机床初期投资费用较高，技术复杂，对操作维修人员和管理人员的素质要求也较高。实际选用时，一定要充分考虑其技术经济效益。根据国内外数控机床应用实践，数控加工的适用范围可用图 1-12 所示进行定性分析。

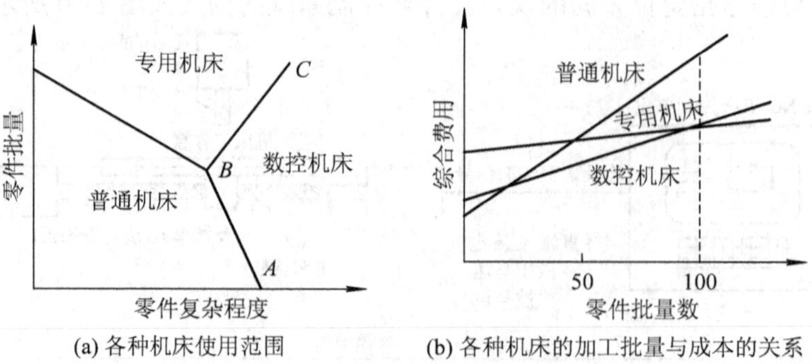

(a) 各种机床使用范围　　(b) 各种机床的加工批量与成本的关系

图 1-12　数控机床应用范围

2) 数控铣床常见应用

数控铣床是一种加工功能很强的数控机床，在数控加工中占据了重要地位，世界上首台数控机床就是一台三坐标铣床。由于数控铣床具有 X、Y、Z 三个轴向的移动能力，加工灵活，可完成较多的加工工序。现在，数控铣床已全面向多轴化发展。目前，迅速发展的加工中心和柔性制造单元也是在数控铣床和数控镗床的基础上产生的。

数控铣床能够铣削加工各种平面、斜面轮廓和立体轮廓零件，如各种形状复杂的凸轮、样板、模具、叶片、螺旋桨等。此外，配上相应的刀具还可进行钻、扩、铰、锪、镗孔和攻螺纹等。数控铣床可以加工的零件类型如下：

(1) 平面类零件。平面类零件是数控铣削加工中最简单的一类零件，一般只用数控铣床的两坐标联动(即两轴半坐标联动)就可以把它们加工出来，如图 1-13(a)、(b)、(c)所示。

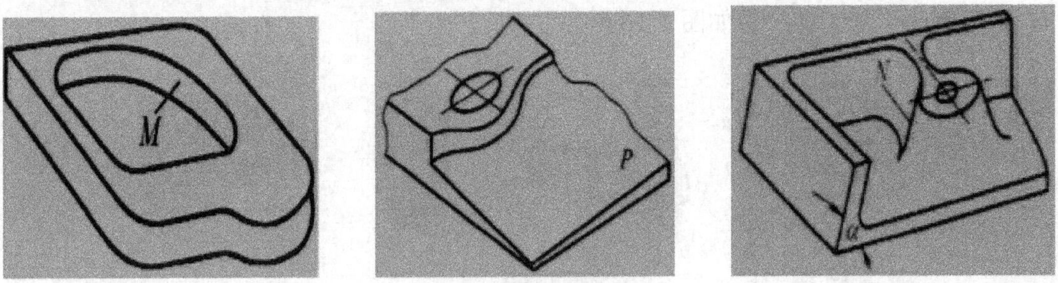

(a) 带平面轮廓的平面类零件　(b) 带斜平面的平面类零件　(c) 带正台和斜筋的平面类零件

图 1-13　平面类零件

(2) 空间曲线面轮廓零件。这类零件的加工面为空间曲面，如模具、叶片、螺旋桨等。空间曲面轮廓零件不能展开为平面。加工时，铣刀与加工面始终为点接触，一般采用球头刀在三轴数控铣床上加工，当曲面较复杂、通道较窄、会伤及相邻表面及需要刀具摆动时，要采用四坐标或五坐标铣床加工，如图 1-14 所示。

图 1-14　空间曲线面轮廓零件

(3) 变斜角类零件。加工面与水平面的夹角成连续变化的零件称为变斜角类零件，例如飞机上的变斜角梁椽条，如图 1-15 所示。加工变斜角类零件最好采用四轴或五轴数控铣床进行摆角加工，若没有上述机床，也可在三轴数控铣床上采用两轴半控制的行切法进行近似加工，但精度稍差。

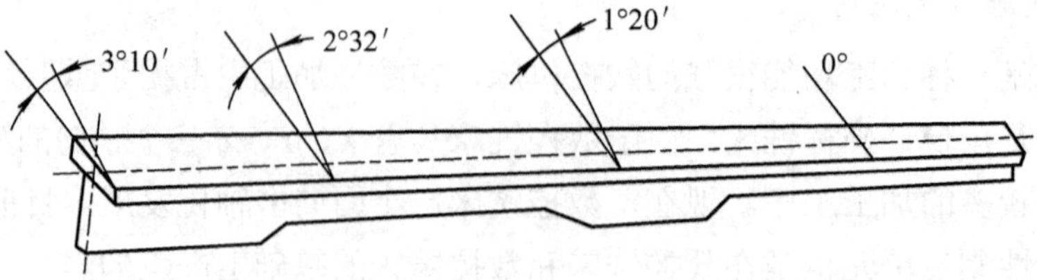

图 1-15　飞机上的变斜角梁椽条

(4) 孔及孔系类零件。孔及孔系类零件的加工可以在数控铣床上进行，如钻、扩、铰和镗孔等。孔加工多采用定尺寸刀具，需要频繁换刀，当加工孔的数量较多时，就不如用加工中心加工方便、快捷。

(5) 螺纹。内，外螺纹，圆柱螺纹，圆锥螺纹都可以在数控铣床上加工。

数控铣床可加工的产品如图 1-16 所示。

图 1-16　数控铣床加工产品示例

问题：
举例说明生活中哪些东西是通过数控铣床加工出来的。

✦✦✦✦✦ 课 后 习 题 ✦✦✦✦✦

1. 世界上第一台数控机床是(　　)年研制出来的。

A. 1930　　B. 1947
C. 1952　　D. 1958

2. 按照机床运动的控制轨迹分类，加工中心属于(　　)。
A. 点位控制　　B. 直线控制
C. 轮廓控制　　D. 远程控制

3. 数控机床由四个基本部分组成：(　　)、数控装置、伺服机构和机床机械部分。
A. 数控程序　　B. 数控介质
C. 辅助装置　　D. 可编程控制器

4. 数控机床中把脉冲信号转换成机床移动部件运动的组成部分称为(　　)。
A. 控制介质　　B. 数控装置
C. 伺服系统　　D. 机床本体

5. NC 的含义是(　　)。
A. 数字控制　　B. 计算机数字控制
C. 网络控制　　D. 模拟控制

6. 数控机床的核心是(　　)。
A. 伺服系统　　B. 数控系统
C. 反馈系统　　D. 传动系统

7. 闭环进给伺服系统与半闭环进给伺服系统的主要区别在于(　　)。
A. 位置控制器　　B. 检测单元
C. 伺服单元　　D. 控制对象

项目二　数控铣床安全操作与保养

项目目标

(1) 熟知数控机床安全操作规程，并能规范操作机床。
(2) 能够按要求着装，并能做好工作前准备工作及做好机床的日常保养。
(3) 能够说出数控机床操作注意事项。

知识引导

1. 安全操作规程

数控操作者应该养成文明生产的良好工作习惯和严谨的工作作风，具有良好的职业素质、责任心，并严格遵守以下数控铣床安全操作规程。

(1) 遵循不同实训场地的安全规定，要穿好工作服，衣袖口要扎紧，衬衫要系入裤内，如图 1-17 所示。女同学要戴帽子，并将发辫纳入帽内，如图 1-18 所示。

图 1-17　按规定着装

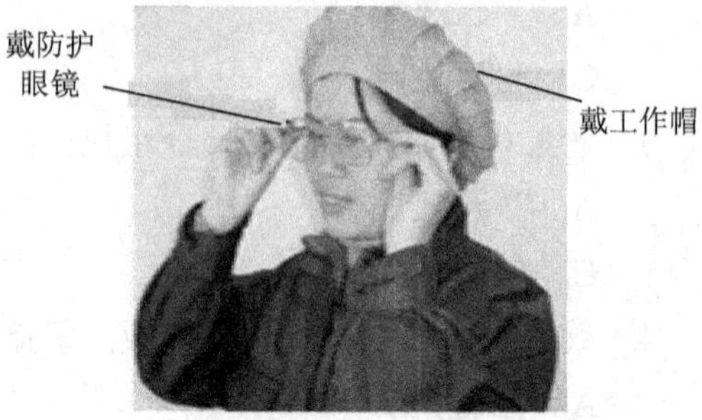

图 1-18　按规定佩戴护眼镜和工作帽

(2) 开动机床前，要检查机床电气控制系统是否正常，润滑系统是否畅通，油质是否良好，并按规定要求加足润滑油，检查各传动部件是否正常，确认无故障后，才可正常使用。

(3) 操作者严禁在机台标示危险区域或使用范围附近奔跑、嬉戏，搞恶作剧及一切不安全的行为。

(4) 机器未完全停止前，禁止用手触摸任何转动之部件，更禁止拆卸零件或更换材料。

(5) 禁止拆卸机械上的零件及防护装置，若要进行必要的维修，则作业后必须复原。

(6) 严禁戴手套操作机器，避免误触其他开关造成危险。如图 1-19 所示为禁止戴手套标志。

图 1-19　禁止戴手套标志

(7) 禁止用潮湿的手触摸开关，避免短路及触电。

(8) 非合格之专业人员，禁止操作或维修机台，更换保险丝须使用相同规格的产品。

(9) 禁止将工具工件、材料随意放置在机器上，尤其是工作台上。

(10) 未详读操作手册或未确定了解所有按钮功能及机器功能特性前，禁止单独操作机台，如需要必须有老师在旁指导。

(11) 禁止不按标准程序操作，或随意触动开关。

(12) 非必要时，操作者切勿擅改软件设定之参数或其他任何电子零件设定值，若必须更改，则务必将原参数值记录存查，以利于以后故障维修时参考。

(13) 熟悉机台之动力控制开关，尤其须特别牢记紧急停止开关之位置。

(14) 电源或动力源发生异常或断电时，应立即将主电源关掉；当制程结束操作人员需离开机台时，主电源亦须关掉。

(15) 开机后禁止用手或其他任何导电的东西去触摸控制器及操作箱内部或变压器等高电压部件。

(16) 若是在进行维护或维修作业，则必须确认危险区域内所有人员或物件均已离开，才可以启动机器电源。

问题：

(1) 操作机床时的正确着装应该是怎样的？

(2) 加工时，带防护眼镜的作用是什么？

(3) 操作加工过程中，如果发生紧急情况应如何处理？

2. 工作前检查

(1) 每天做好各导轨面的清洁润滑，有自动润滑系统的机床要定期检查，清洗自动润滑系统，还要检查油量，及时添加润滑油，检查油泵是否定时启动打油及停止。

(2) 每天检查主轴箱自动润滑系统工作是否正常，定期更换主轴箱润滑油。

(3) 检查电器柜中冷却风扇是否工作正常，风道过滤网有无堵塞，若有堵塞则要清洗黏附的尘土。

(4) 检查冷却系统，检查液面高度，及时添加油或水，油、水脏时要更换清洗。

(5) 检查主轴驱动皮带，调整松紧程度。

(6) 检查导轨镶条松紧程度，调节间隙。

(7) 检查机床液压系统油箱油泵有无异常噪声，工作幅面高度是否合适，压力表指示是否正常，管路及各接头有无泄漏。

(8) 检查导轨、机床防护罩是否齐全有效。

(9) 检查各运动部件的机械精度，减少形状和位置偏差。

问题：

(1) 说说在我们打开数控铣床之前要做哪些准备工作。

(2) 数控机床上的防护罩有何作用？

(3) 切削液的种类有哪些？

3. 操作注意事项

数控铣削加工可分为加工前准备、加工过程中、加工后三个阶段。

1) 加工前准备

(1) 操作前必须熟悉数控铣床的一般性能、结构、传动原理及控制程序，掌握各操作按钮、指示灯的功能及操作程序。在弄懂整个操作过程前，不要进行机床的操作和调节。

(2) 开动机床前，要检查机床电气控制系统是否正常，润滑系统是否畅通，油质是否良好，并按规定要求加足润滑油；检查各操作手柄是否正确，工件、夹具及刀具是否已夹持牢固，冷却液是否充足，然后开慢车空转 3～5 分钟，检查各传动部件是否正常，确认无故障后，才可正常使用。

(3) 程序调试完成后，必须按步骤操作，不允许跳步骤执行，如跳步骤则按相关规定处分并赔偿相应损失。

(4) 加工零件前，必须严格检查机床原点、刀具数据是否正常并进行无切削轨迹仿真运行。

2) 加工过程中

(1) 加工零件时，必须关上防护门，不准把头、手伸入防护门内，加工过程中不允许打开防护门。

(2) 加工过程中，操作者不得擅自离开机床，应保持思想高度集中，观察机床的运行状态。若发生不正常现象或事故，应立即终止程序运行，切断电源并及时报告指导老师，不得进行其他操作。

(3) 严禁用力拍打控制面板、触摸显示屏，严禁敲击工作台、分度头、夹具和导轨。

(4) 严禁私自打开数控系统控制柜进行观看和触摸。

(5) 操作人员不得随意更改机床内部参数。

(6) 机床控制微机上，除进行程序操作和传输及程序拷贝外，不允许进行其他操作。

(7) 数控铣床属于大精设备，除工作台上安放工装和工件外，机床上严禁堆放任何工具、夹具、刃具、量具、工件和其他杂物。

(8) 禁止用手接触刀尖和铁屑，铁屑必须要用铁钩子或毛刷来清理。

(9) 禁止用手或其他任何方式接触正在旋转的主轴，工件或其他运动部位。

(10) 禁止加工过程中测量工件、手动变速，更不能用棉丝擦拭工件，也不能清扫机床。

(11) 禁止进行尝试性操作。

(12) 使用手轮或快速移动方式移动各轴位置时，一定要看清机床 X、Y、Z 轴各方向“–”号标牌后再移动。移动时先慢转手轮观察机床移动方向无误后方可加快移动速度。

(13) 在程序运行中须暂停测量工件尺寸时，要待机床完全停止、主轴停转后方可进行测量，以免发生人身事故。

(14) 机床若数天不使用，则每隔一天应对 NC 及 CRT 部分通电 2～3 小时。

(15) 关机时，要等主轴停转 3 分钟后方可关机。

3) 加工后

(1) 清除切屑，擦拭机床，使机床与环境保持清洁状态。各部件应调整到正常位置。

(2) 检查润滑油、冷却液的状态，及时添加或更换。

(3) 依次关掉机床操作面板上的电源和总电源。

(4) 打扫现场卫生，填写设备使用记录。

4. 日常保养

各类数控机床因其功能、结构及系统的不同，各具不同的特性。其维护保养的内容和规则也各有特色，具体应根据其机床种类、型号及实际使用情况，并参照机床使用说明书要求，制定和建立必要的定期、定级保养制度。下面是一些常见、通用的日常维护保养要点。

1) 数控系统的维护

(1) 严格遵守操作规程和日常维护制度。

(2) 应尽量少开数控柜和强电柜的门。在机加工车间的空气中一般都会有油雾、灰尘甚至金属粉末，一旦它们落在数控系统内的电路板或电子器件上，容易引起元器件间绝缘电阻下降，甚至导致元器件及电路板损坏。有的用户在夏天为了使数控系统能超负荷长期工作，采取打开数控柜的门来散热，这是一种极不可取的方法，其最终将导致数控系统加速损坏。

(3) 定时清扫数控柜的散热通风系统。应该检查数控柜上的各个冷却风扇工作是否正常。每半年或每季度检查一次风道过滤器是否有堵塞现象，若过滤网上灰尘积聚过多，不及时清理，会引起数控柜内温度过高。

(4) 数控系统的输入/输出装置的定期维护。20 世纪 80 年代以前生产的数控机床，大多带有光电式纸带阅读机，如果读带部分被污染，将导致读入信息出错。为此，必须按规定对光电阅读机进行维护。

(5) 直流电动机电刷的定期检查和更换。直流电动机电刷的过度磨损，会影响电动机的性能，甚至造成电动机损坏。为此，应对电动机电刷进行定期检查和更换。数控车床、数控铣床、加工中心等应每年检查一次。

(6) 定期更换存储用电池。一般数控系统内对 CMOSRAM 存储器件设有可充电电池维护电路，以保证系统不通电期间能保持其存储器的内容。在一般情况下，即使尚未失效，也应每年更换一次，以确保系统正常工作。电池的更换应在数控系统供电状态下进行，以防更换时 RAM 内信息丢失。

(7) 备用电路板的维护。备用的印制电路板长期不用时，应定期装到数控系统中通电运行一段时间，以防损坏。

2) 机械部件的维护

(1) 主传动链的维护。定期调整主轴驱动带的松紧程度，防止因驱动带打滑造成的丢转现象；检查主轴润滑的恒温油箱、调节温度范围，及时补充油量，并清洗过滤器；主轴中刀具夹紧装置长时间使用后，会产生间隙而影响刀具的夹紧，需及时调整液压缸活塞的位移量。

(2) 滚珠丝杠螺纹副的维护。定期检查、调整丝杠螺纹副的轴向间隙，保证反向传动精度和轴向刚度；定期检查丝杠与床身的连接是否有松动；丝杠防护装置有损坏要及时更换，以防灰尘或切屑进入。

(3) 刀库及换刀机械手的维护。严禁把超重、超长的刀具装入刀库，以避免机械手换刀时掉刀或刀具与工件、夹具发生碰撞；经常检查刀库的回零位置是否正确，检查机床主轴回换刀点位置是否到位，并及时调整；开机时，应使刀库和机械手空运行，检查各部分工作是否正常，特别是各行程开关和电磁阀能否正常动作；检查刀具在机械手上锁紧是否可靠，发现不正常应及时处理。

3) 液压、气压系统维护

定期对各润滑、液压、气压系统的过滤器或分滤网进行清洗或更换；定期对液压系统进行油质化验检查和更换液压油；定期对气压系统分水滤气器放水。

4) 机床精度的维护

定期进行机床水平和机械精度检查并校正。机械精度的校正方法有软、硬两种。其软方法主要是通过系统参数补偿，如丝杠反向间隙补偿、各坐标定位精度定点补偿、机床回参考点位置校正等；硬方法一般要在机床大修时进行，如进行导轨修刮、滚珠丝杠螺母副预紧调整反向间隙等。

每天下班前做好铣床清扫卫生，如清扫铁屑，擦净导轨部位的冷却液，防止导轨生锈。

问题：

(1) 说说数控铣床操作加工应注意哪些问题。

(2) 数控机床保养分哪几个阶段进行？

(3) 每天上下班要做好机床的哪些保养工作？

✦✦✦✦✦ 课后习题 ✦✦✦✦✦

1. 数控机床工作时，当发生任何异常现象需要紧急处理时应启动(　　)。

   A. 程序停止功能　　B. 暂停功能　　C. 紧停功能

2. 热继电器在控制电路中起的作用是(　　)。

   A. 短路保护　　B. 过载保护

   C. 失压保护　　D. 过电压保护

3. 数控机床加工调试中遇到问题想停机应先停止(　　)。

   A. 冷却液　　B. 主运动

   C. 进给运动　　D. 辅助运动

4. 数控机床电气柜的空气交换部件应(　　)清除积尘，以免温升过高产生故障。

   A. 每日　　B. 每周

C. 每季度　　D. 每年

5. 数控机床如长期不用时最重要的日常维护工作是(　　)。

A. 清洁　　B. 干燥　　C. 通电

项目三　认识数控铣床坐标系

项目目标

(1) 掌握数控铣床(加工中心)的坐标系和关键点。

(2) 理解机床坐标系与工件坐标系之间的关系。

知识引导

1. 数控铣床的运动轴

数控铣床以直线和旋转运动的形式执行加工操作，实际的运动形式由机床制造厂商设计确定，不同的机床是不一样的。例如，立式铣床 *X*、*Y* 轴方向的运动由工作台在水平面内运动实现，*Z* 轴运动由主轴在垂直面内运动实现，如图 1-20 所示。卧式镗铣床的 *X* 轴方向的运动由工作台在水平面内运动实现，*Y* 轴方向的运动由主轴在垂直面内运动实现，*Z* 轴方向的运动由主轴在水平面内运动实现，如图 1-21 所示。系统对主轴(或刀具)沿+*X* 或+*Y* 轴方向运动的命令，是通过工作台沿相反的方向，即−*X* 或−*Y* 轴方向的运动来获得。机床能自动判断坐标轴的方向并做出反应，所以程序员不需要关心是主轴还是工作台运动。最主要的是，刀具最终能够到达程序指定位置。

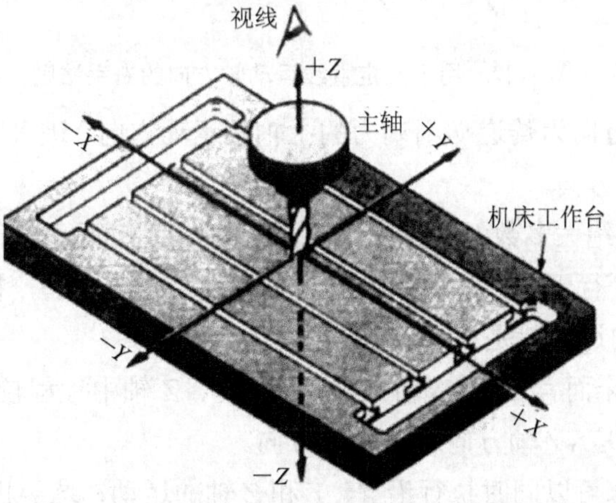

图 1-20　立式铣床的运动轴

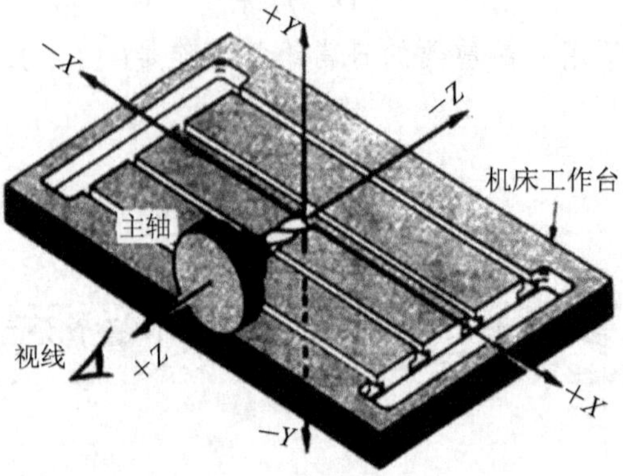

图 1-21　卧式镗铣床的运动轴

2．数控铣床坐标系有关规定

数控铣床的加工是由程序控制完成的，所以坐标系的确定与使用非常重要。根据ISO841 标准，数控铣床坐标系用右手笛卡尔坐标系作为标准确定。

对于编程而言，程序员可以认为数控铣床的工作台是固定的，仅仅只有在主轴上的刀具沿 *X*、*Y*、*Z* 轴运动。

(1) 机床直线坐标系依据右手准则，如图 1-22 所示。

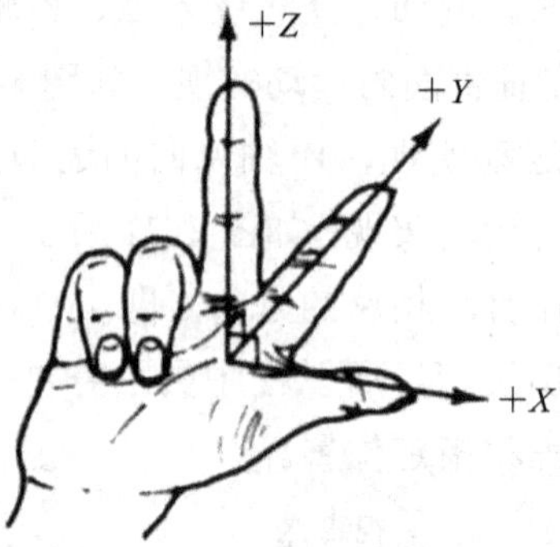

图 1-22　用于确定直线运动轴方向的右手法则

(2) *Z* 坐标。*Z* 轴方向为传递切削动力的主轴的运动方向。进入工件的方向为 −*Z* 方向，运离工件的运动为 +*Z* 方向。

(3) *X* 坐标。对于绝大多数的铣床来说，沿 *X* 轴的运动是垂直于 *Z* 轴中行程较长的运动。*X* 轴是水平的，平行于工件的装夹面。从主轴向工作台看去，视线右侧为 *X* 轴的方向(+ *X* 轴方向)，−*X* 方向运动就是 +*X* 轴方向运动的反方向。

(4) *Y* 坐标。就铣床而言，沿 *Y* 轴的运动是垂直于 *Z* 轴中行程较短的运动。从主轴向工作台看去，−*Y* 向运动是 +*Y* 轴方向运动的反方向。

绝大部分数控铣床可以同时执行沿 *X*、*Y* 和 *Z* 轴的运动，这类机床称为三轴联动机床，分别如图 1-23 和图 1-24 所示。

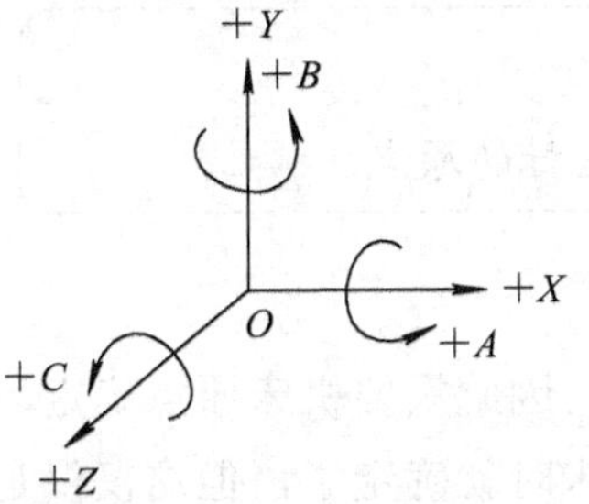

图 1-23　用于确定旋转运动方向的右手法则

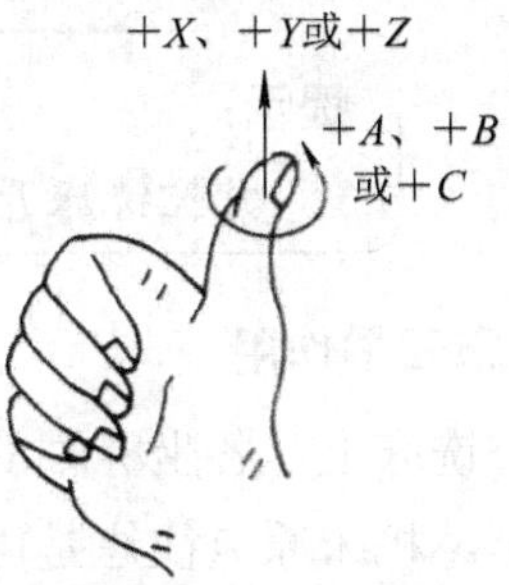

图 1-24　数控铣床旋转坐标

(5) 数控铣床旋转运动轴。一些较复杂的机床还具有执行下列旋转运动的能力：

① 绕平行于 X 轴的轴线旋转，也称为 A 轴旋转运动。

② 绕平行于 Y 轴的轴线旋转，也称为 B 轴旋转运动。

③ 绕平行于 Z 轴的轴线旋转，也称为 C 轴旋转运动。

问题:

(1) 我们所使用的数控铣床有哪几个坐标轴?

(2) 伸出右手，根据右手笛卡尔坐标系规则，判断数控铣床上的各轴的位置及方向。

3. 数控铣床机床原点与机床参考点

机床原点又称为机械原点，它是机床坐标的原点。其位置是由机床设计和制造单位确定的，不允许用户改变。

机床参考点的位置是由机床制造厂家在每个进给轴上用限位开关精确调整好的，坐标值已输入数控系统中。因此，参考点对机床原点的坐标是一个已知数。

通常在数控铣床上机床原点和机床参考点是重合的，而在数控车床上机床参考点是离机床原点最远的极限点。图 1-25 所示为数控铣床的参考点与机床原点。数控铣床开机时，必须先确定机床原点，即刀架返回参考点的操作。只有机床参考点被确认后，刀具(或工作台)移动才有基准。

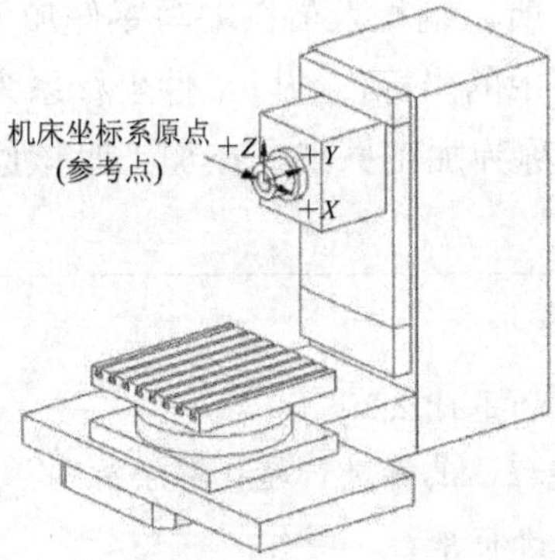

图 1-25　卧式数控铣床机床原点

提示：

数控铣床开机后必须先回机床坐标的原点。

4．机床回零作用

在数控铣床上，各坐标轴的正方向是定义好的，因此只要机床原点确定，机床坐标系也就确定了。机床原点往往是由机床厂家在设计机床时就确定了，但这仅仅是机械意义上的，计算机数控系统还是不能识别，即数控系统并不知道以哪一点作为基准对机床工作台的位置进行跟踪、显示等。为了让系统识别机床原点以建立机床坐标系，就需要执行回参考点的操作。机床回零的作用如下：

(1) 在铣床的机床坐标系中设有一个固定的参考点，假设为(X，Y，Z)。这个参考点的作用主要是用来给铣床本身一个定位。因为每次开机后无论刀具停留在哪个位置，系统都把当前位置设定为(0，0，0)，这样势必造成基准的不统一，所以每次开机的第一步操作为参考点回归(有的称为回零点)，也就是通过确定(X，Y，Z)来确定机床原点(0，0，0)。

(2) 提高定位精度，消除丝杠间隙。

5．机床限位和行程

(1) 限位：由于机床的加工范围有限，为了防止主轴、工作台脱离导轨，导致超程，所以在机床的 X、Y 和 Z 的正负方向安装有限位开关，机床只能在限位以内工作。

(2) 行程：机床的行程就是它的最大工作区域。

6．数控铣床坐标系

1) 机床坐标系

(1) 永远假定工件静止，刀具相对于工件移动。

(2) 机床坐标系是以机床参考点为零点建立起来的坐标系。

2) 工件坐标系

(1) 数控铣床加工时，工件可以通过卡盘夹持于机床坐标系下的任意位置。这样在机床坐标系下编程就很不方便。所以编程人员在编写零件加工程序时通常要选择一个工件坐标系，也称编程坐标系，程序中的坐标值均以工件坐标系为依据。

(2) 工件坐标系原点一般称为加工原点，在加工时该原点往往与编程原点一致，如图1-26所示。

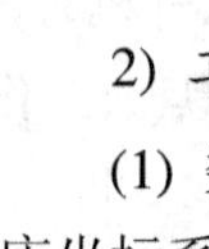

问题：

(1) 开机回零的目的是什么？

(2) 若 X 轴发生超程，怎样进行超程解除？

(3) 如何确定机床坐标系？

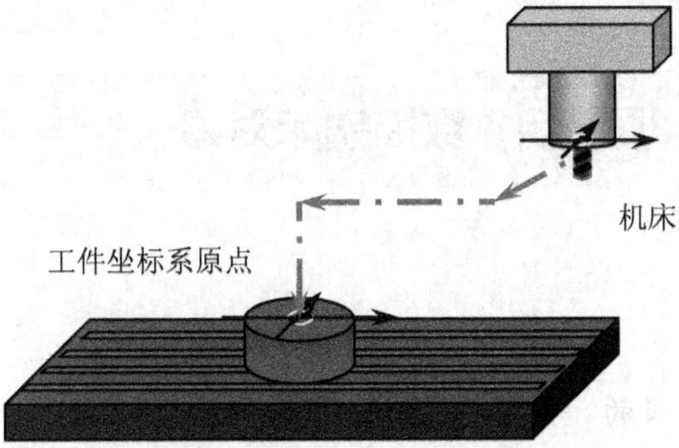

图 1-26　工件坐标系原点

✦✦✦✦✦　课 后 习 题　✦✦✦✦✦

1. 数控铣床的标准坐标系是以(　　)来确定的。

A. 右手直角笛卡尔坐标系　　B. 绝对坐标系

C. 相对坐标系　　D. 左手直角笛卡尔坐标系

2. 确定数控铣床坐标轴时，一般应先确定(　　)。

A. X 轴　　B. Y 轴

C. Z 轴　　D. A 轴

3. 数控编程人员在数控编程和加工时使用的坐标系是(　　)。

A. 右手直角笛卡尔坐标系　　B. 机床坐标系

C. 工件坐标系　　D. 直角坐标系

4. (　　)是指机床上一个固定不变的极限点。

A. 机床原点　　B. 工件原点

C. 换刀点　　D. 对刀点

5. 数控铣床的旋转轴之一 B 轴是绕(　　)直线轴旋转的轴。

A. X 轴　　B. Y 轴

C. Z 轴　　D. W 轴

6. 机床坐标系判定方法采用右手直角的笛卡尔坐标系。增大工件和刀具距离的方向是(　　)。

A. 负方向　　B. 正方向

C. 任意方向　　D. 条件不足不确定

项目四　数控铣床对刀

项目目标

(1) 能够阐述对刀原理、目的、作用及常用的对刀方法。

(2) 能够根据加工图纸合理选择对刀点、换刀点的位置。

知识引导

1．对刀作用和原理

为了计算和编程方便，我们通常将程序原点设定在工件中心上，尽量使编程基准与设计、装配基准重合。机床坐标系是机床唯一的基准，所以必须要弄清楚程序原点在机床坐标系中的位置。这通常在接下来的对刀过程中完成。如图 1-27 所示，工件原点为程序原点，机床回零后以刀尖位置为参照的机床原点。

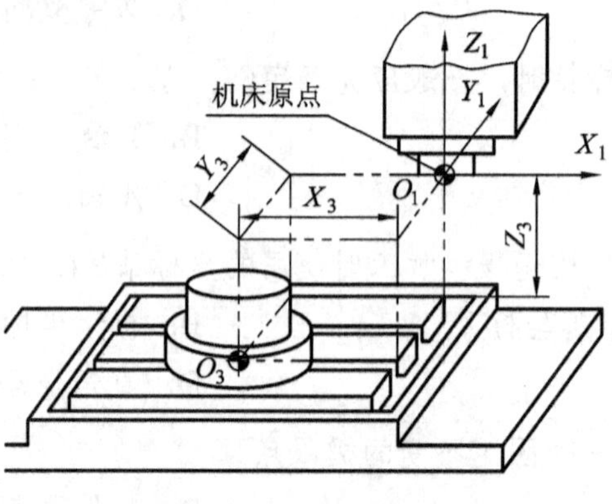

图 1-27　数控铣床对刀原理

把刀具的“刀位点”移到“起刀点”的过程叫对刀。对刀的目的是通过刀具或对刀工具确定工件坐标系与机床坐标系之间的空间位置关系，其实质就是测量程序原点与机床原点之间的偏移距离并设置程序原点在以刀尖为参照的机床坐标系里的坐标，并将对刀数据输入到系统中。对刀是数控机床中最重要的操作内容，对刀的准确性影响到零件的加工精度。对刀操作分为 *X*、*Y* 向对刀和 *Z* 向对刀。

2．对刀点的确定

所谓对刀就是使刀位点(或刀具相关点)与对刀点重合，并确定其偏移量的操作过程。对刀点是数控铣床加工时刀具相对于工件运动的起点，其既是程序的起点，也是程序的终点。通过对刀操作将刀位点(或刀具相关点)置于对刀点上，使数控铣床获得对刀点在机床坐标系中的坐标值，从而建立工件坐标系；数控铣床就会按事先编好的程序在工件坐标系中运动，从而加工出符合要求的零件。因此，对刀点的确定在数控加工中是非常重要的。

选择对刀点的一般原则如下：

(1) 编程时便于数值计算。

(2) 在铣床上容易找正，便于确定工件原点的位置。

(3) 在加工过程中便于检查。

(4) 对刀点的选择应有利于提高加工精度。

能进行多刀加工的数控铣床(如加工中心)在加工过程中往往要自动换刀，编程时还要考虑设置换刀点。换刀点常常设置在被加工零件的外部，以防止在换刀时碰伤零件或夹具。

问题：

(1) 说说为什么要对刀，对刀的目的是什么。

(2) 数控铣床对刀点是不是就是工件坐标系的原点？

3. 对刀工具的介绍

(1) 寻边器。寻边器用于确定工件坐标系原点在机床坐标系中的 X、Y 值。

寻边器有偏心式、光电式和百分表式，分别如图 1-28、图 1-29 和图 1-30 所示。

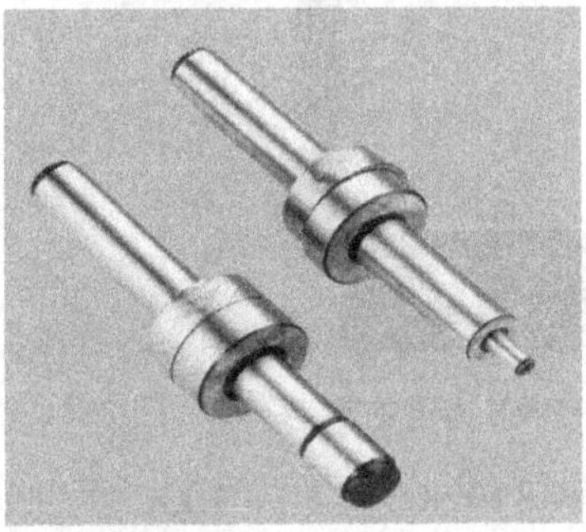

图 1-28　偏心式寻边器

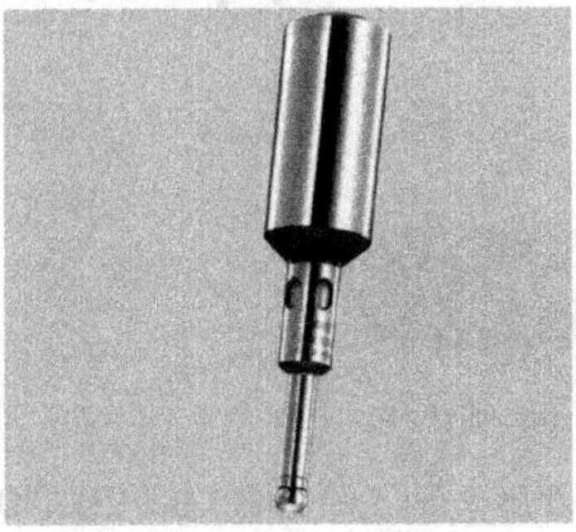

图 1-29　光电式寻边器

图 1-30　百分表式寻边器

(2) Z 轴设定器。Z 轴设定器主要用于确定工件坐标系原点在机床坐标系的 Z 轴坐标。Z 轴设定器有光电式、百分表式和传感器式三种，分别如图 1-31、图 1-32 和图 1-33 所示。

图 1-31　百分表式 Z 轴设定器

图 1-32　光电式 Z 轴设定器

图 1-33　传感器式 Z 轴设定器

4. 对刀操作

对刀有几种方法，根据精度要求可采用试切法、塞物法、寻边器法、机内对刀仪法和自动对刀。其中试切法对刀精度较低，加工中常用寻边器和 Z 向设定器对刀，效率高，能保证对刀精度。

(1) X，Y 向试切法对刀操作如下：

① 将工件通过夹具装在工作台上，装夹时，工件的四个侧面都应留出对刀的位置。

② 量出刀具直径，启动主轴中速旋转，快速移动工作台和主轴，让刀具移动到靠近工件的左侧。

③ 改用手摇脉冲发生轮，让刀具慢慢接近工件左侧，使工件上出现一极微小的切痕，即刀具正好碰到工件侧面(如图 1-34 所示)，记下此时机床坐标系中的 X 坐标值，如 −310.500。

④ 沿 Z 正方向退刀，至工件表面之上，快速移动工作台和主轴，让刀具移到工件右侧。

⑤ 改用手摇脉冲发生轮，让刀具慢慢接近工件右侧，使工件上出现一极微小的切痕，即刀具正好碰到工件侧面(如图 1-35 所示)，记下此时机床坐标系中的 X 坐标值，如 −200.500。

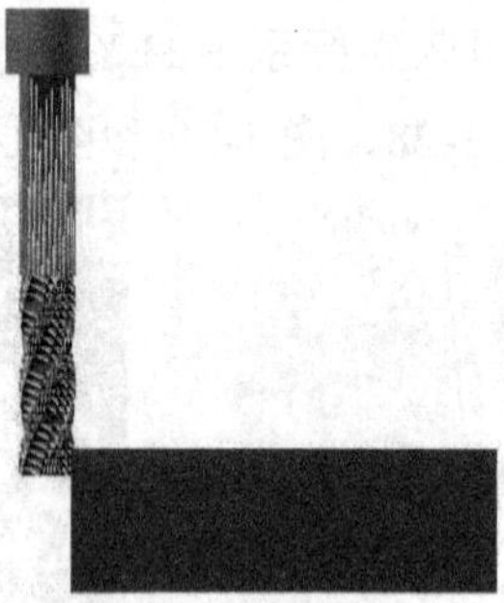

图 1-34 X 方向左侧对刀

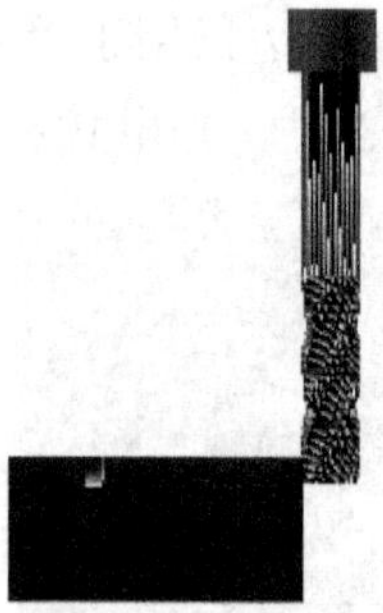

图 1-35 X 方向右侧对刀

⑥ 若刀具直径为 10 mm，则工件长度为 −200.500 − (−310.500) − 10 = 100，据此可得工件坐标系原点在机床坐标系中 X 坐标值为 −310.500 + 100/2 + 5 = −255.500。

⑦ 同理，可测得工件坐标系原点在机床坐标系中的 Y 坐标值，分别如图 1-36 和图 1-37 所示。

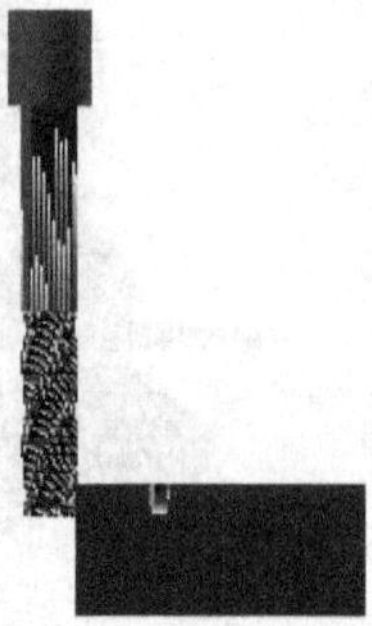

图 1-36 Y 方向右侧对刀

图 1-37 Y 方向后面对刀

(2) Z 向贴薄纸片对刀操作如下：

① 将刀具快速移至贴薄纸片工件上方。

② 快速移动主轴，让刀具端面靠近薄纸片上方。

③ 改用手摇脉冲发生轮操作，让刀具端面慢慢接近薄纸片，当薄纸片轻微转动时(如图 1-38 所示)，停止手摇脉冲发生轮操作，记下此时机床坐标系中的 Z 值，如 −150.850。

④ 薄纸片厚度一般为 0.07 mm，则工件坐标系原点在机床坐标系中的 Z 坐标值为 $-150.850 - 0.07 + 0.03 = -150.89$。(薄纸片一转动，刀具就与薄纸片接触了 0.03 mm。)

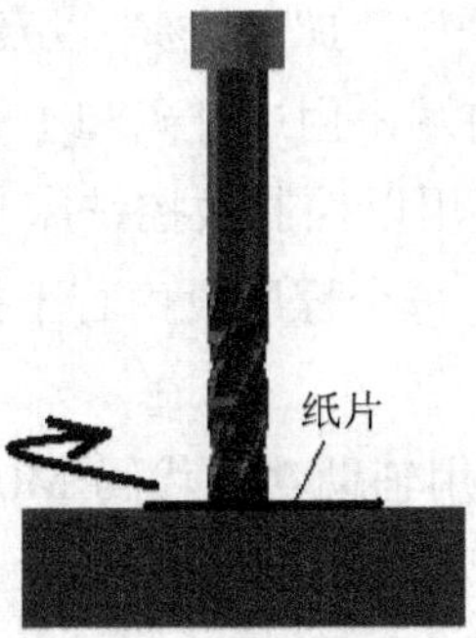

图 1-38　Z 方向对刀

提示：

(1) 对刀操作就是确定刀具上的刀位点在工件坐标系中的坐标值的过程。

(2) 对刀的过程就是建立机床坐标系与工件坐标系的关系。

✦✦✦✦✦　课 后 习 题　✦✦✦✦✦

1. 为什么要对刀？结合实际操作，简述立铣刀的对刀步骤。
2. 对刀的方法有哪些？我们一般采用哪一种对刀方法？

项目五　数控铣床程序编辑与校验

项目目标

(1) 掌握零件程序的构成和格式。

(2) 掌握零件程序输入的方法。

知识引导

1．程序构成

一个零件程序是由遵循一定结构、句法和格式规则的若干个程序段组成的，每个程序段又由若干指令字组成。加工程序由程序名、程序内容和程序结束三部分组成。

(1) 程序名。程序号为程序的开始部分，为了区别存储器中的程序，每个程序都要有程序编号，在编号前采用程序编号地址码。如在 FANUC 系统中，采用英文字母“O”作为程序编号地址，而其他系统有的采用“P”、“%”以及“：”等。数控系统通过程序名查找和调用程序。程序名在程序的最前端，由地址码和 1～9999 范围内的任意 4 位数字组成。

(2) 程序内容。程序内容主要用以控制数控铣床自动完成零件的加工，是整个程序的主要部分，它由若干程序段组成；每个程序段由若干指令字组成；每个指令字又由地址码和若干数字组成。

(3) 程序结束。程序结束一般用辅助功能代码 M02(程序结束)和 M30(程序结束，返回程序起点)，程序以 M99 作为整个程序结束的符号。

2．程序格式

(1) 程序名。为了区分程序，都要对程序进行命名。编程时一定要参考机床使用说明书，否则程序无法执行。如在 FANUC 系统中，用字母“O”作为程序号的地址码，也可以称做程序的起始码，如图 1-39 所示。

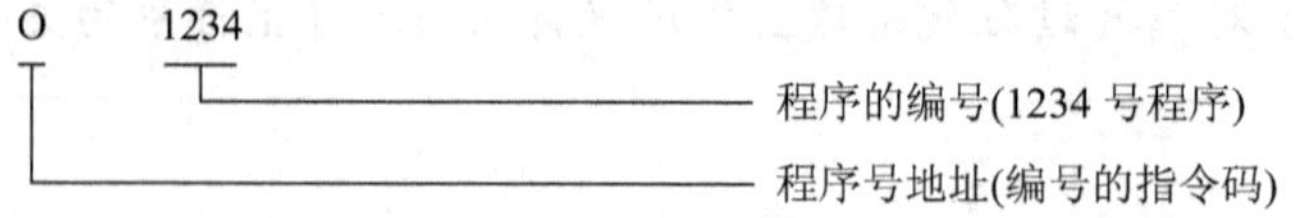

图 1-39　程序名

(2) 程序段的格式。程序段的格式可分为地址格式、分隔地址格式、固定程序段格式和可变程序段格式等。

程序段的格式如图 1-40 所示。

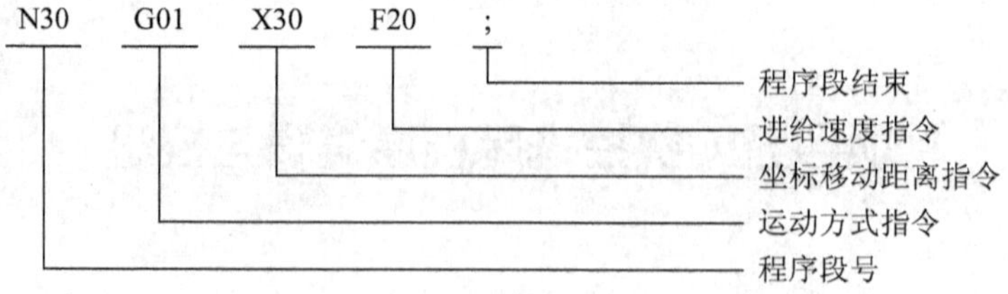

图 1-40　程序段的格式

N 是程序段地址符，用于指定程序段号；G 是指令动作方式的准备功能地址；X 是坐标轴的地址；F 是进给速度地址，其后面的数字元表示进给速度的大小。

又例如，N30　G01　X50　Z-20　F0.2　S400　T0101　M03　；

(3) 指令字的格式。每个指令字都由地址码和若干数字组成，如图 1-41 所示。

图 1-41　指令字的格式

程序段号加上若干个指令字就可以组成一个程序段。

常用指令字的含义见表 1-1。

表 1-1　常用指令字的含义

N	G	X U	Z W	F	S	T	M	;

功　能	地　址	意　义
程序名	O	程序名
顺序号	N	顺序号
准备功能	G	指定动作状态(直线，圆弧等)
	X，Z，U，W	坐标轴移动指令
尺寸字	R	圆弧半径
	I，K	圆弧中心坐标，倒角量
进给速度	F	进给速度指定
主轴功能	S	主轴转速指定
刀具功能	T	刀具号的指定
辅助功能	M	控制机床方面 ON/OFF 的指定
暂　停	P，U，X	暂停时间的指定
程序号指定	P	指定子程序号
重复次数	L	子程序的重复次数
参数	P，Q，R	指定程序重复部分等的顺序号

问题：

(1) 一个完整的程序由哪几部分组成？

(2) 说说程序段各指令字的含义(如：F/S/T/M)及程序有哪几大功能块指令。

3. 常用编程指令

下面的编程指令均以 FANUCoi-M 系统为例。

常用的准备功能 G 指令见表 1-2。

表 1-2 准备功能 G 指令(FANUC)

G 指令	功 能	G 指令	功 能
*G00	定位(快速移动)	G59	选用 6 号工件坐标系
*G01	直线插补(进给速度)	G60	单一方向定位
G02	顺时针圆弧插补	G61	精确停止方式
G03	逆时针圆弧插补	*G64	切削方式
G04	暂停，精确停止	G65	宏程序调用
G09	精确停止	G66	模态宏程序调用
*G17	选择 *XY* 平面	*G67	模态宏程序调用取消
G18	选择 *ZX* 平面	G73	深孔钻削固定循环
G19	选择 *YZ* 平面	G74	反螺纹攻丝固定循环
G27	返回并检查参考点	G76	精镗固定循环
G28	返回参考点	*G80	取消固定循环
G29	从参考点返回	G81	钻削固定循环
G30	返回第二参考点	G82	钻削固定循环
*G40	取消刀具半径补偿	G83	深孔钻削固定循环
G41	左侧刀具半径补偿	G84	攻丝固定循环
G42	右侧刀具半径补偿	G85	镗削固定循环
G43	刀具长度补偿＋	G86	镗削固定循环
G44	刀具长度补偿－	G87	反镗固定循环
*G49	取消刀具长度补偿	G88	镗削固定循环
G52	设置局部坐标系	G89	镗削固定循环
G53	选择机床坐标系	*G90	绝对值指令方式
*G54	选用 1 号工件坐标系	*G91	增量值指令方式
G55	选用 2 号工件坐标系	G92	工件零点设定
G56	选用 3 号工件坐标系	*G98	固定循环返回初始点
G57	选用 4 号工件坐标系	G99	固定循环返回 *R* 点
G58	选用 5 号工件坐标系		

从表中我们可以看到，G 指令被分为不同的组，这是由于大多数的 G 指令是模态的。所谓模态 G 指令，是指这些 G 指令不只在当前的程序段中起作用，而且在以后的程序段中一直起作用，直到程序中出现另一个同组的 G 指令为止；同组的模态 G 指令控制同一个目标但起不同的作用，它们之间是不相容的。00 组的 G 指令是非模态的，这些 G 指令只在它们所在的程序段中起作用。标有*号的 G 指令是上电时的初始状态。对于 G01 和 G00、G90 和 G91 上电时的初始状态由参数决定。

如果程序中出现了未列在上表中的 G 指令，CNC 会显示 10 号报警。

同一程序段中可以有几个 G 指令出现，但当两个或两个以上的同组 G 指令出现时，最后出现的一个(同组的)G 指令有效。

在固定循环模态下，任何一个 01 组的 G 指令都将使固定循环模态自动取消，成为 G80 模态。

准备功能 G 指令由 G 及后面的两位数字组成，它用来规定刀具和工件的相对轨迹、刀具补偿、坐标偏移等多种加工操作。G 指令有非模态 G 指令和模态 G 指令之分。非模态 G 指令只在所规定的程序段中有效，程序段结束时被注销；模态 G 指令是一组可相互注销的 G 指令，即一个 G 指令一旦被执行，则一直有效，直到被同一组的另一个 G 指令注销为止。模态 G 指令组中包含一个默认 G 指令，上电时将被初始化为该指令。

辅助功能 M 指令见表 1-3。

表 1-3　辅助功能 M 指令(FANUC)

M00	程序停	M08	切削液开
M01	选择停止	M09	切削液关
M02	程序结束，不返回程序开头	M13	主轴正转+切削液开
M03	主轴正转（CW）	M14	主轴反转+切削液开
M04	主轴反转（CCW）	M19	主轴定位
M05	主轴停	M30	程序结束，返回到程序开头
M06	换刀	M98	子程序调用
M07	吹气开	M99	子程序结束

说明：在一个程序段中只能指定一个 M 指令，如果在一个程序段中指定了两个或两个以上的 M 指令时，只有最后一个 M 指令有效，其余的 M 指令均无效。

辅助功能又称 M 功能，由地址 M 和两位数字组成。在一个程序段中应只规定一个 M 指令，当在程序段中出现两个或两个以上的 M 指令时，则只有最后一个 M 指令有效。对于不同的铣床制造厂来说，各 M 指令的含义可能有所不同，常用的 M 指令见表 1-3。

移动指令和 M 指令在同一程序段中时，先执行 M 指令后再执行移动指令。

进给功能字 F：表示加工时的进给速度，单位由地址码 F 和后面的若干位数字组成。

主轴转速功能字 S：表示数控机床主轴转速，单位由地址码 S 和后面的若干位数字组成。

刀具功能字 T：表示由地址码 T 和后面的若干位数字组成。数字表示刀号，数字位数由数控系统决定。

问题：

(1) 说说指令功能表中哪些是模态指令，哪些是非模态指令。

(2) 指令 M02 与 M30 都为程序结束指令，两者之间有何不同？

4．程序的输入

程序的输入形式有几种，可用手动输入方式(MDI)或采用通信接口将程序传送给系统。

MDI 方式操作步骤如下：

(1) 将方式选择旋钮

旋到 EDIT 位置，按 PROG 键

显示程序画面，如图 1-42 所示。

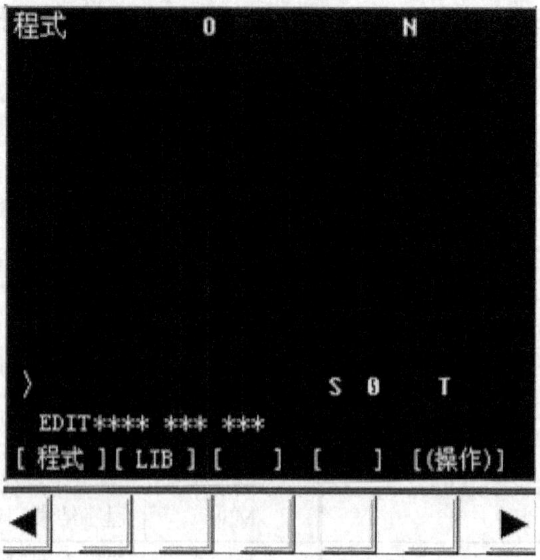

图 1-42　程序画面

(2) 用键盘输入“O1001”程序名，按 INSERT 键

插入程序名号，再按 EOB 键

确定输入。

(3) 用键盘输入程序段，每输入完一段后按 EOB 键

。

(4) 按 INSERT 键

，则一段程序被输入到系统存储器中，如图 1-43 所示。

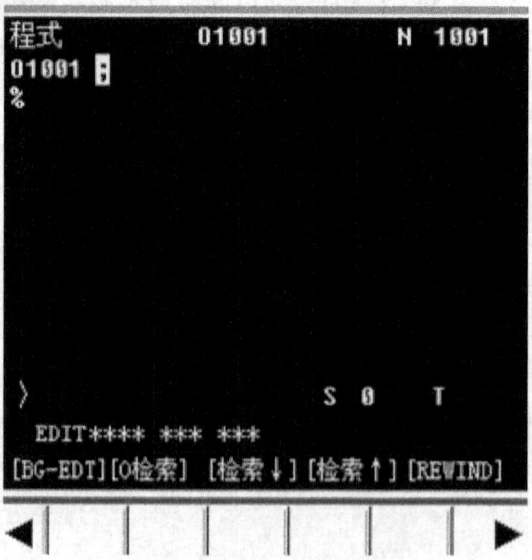

图 1-43　程序名画面

提示:

(1) 每输入一段按 EOB 键  进行分段。

(2) 程序字符的更改可用 ALTER 键  和 DELETE 键  及 CAN 键  等编辑键进行，与计算机操作一样。

5. 程序自动运行操作

(1) 将方式选择旋钮 

旋到 AUTO 位置上，按 PROG 键 ，如图 1-44 所示。

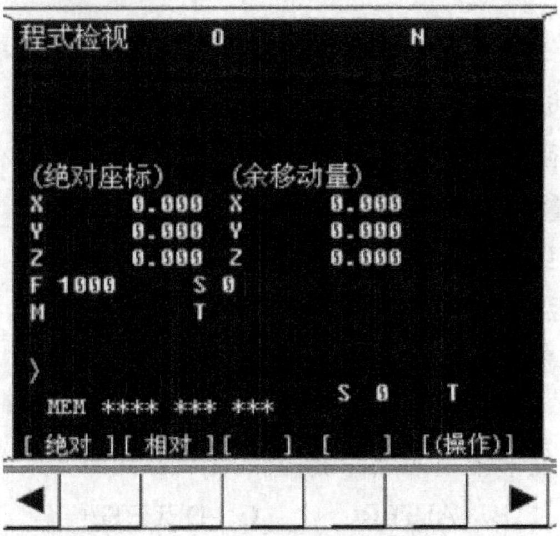

图 1-44 程序自动运行画面

(2) 用键盘输入“O1001”程序名，按软键 [O检索]，如图 1-45 所示。

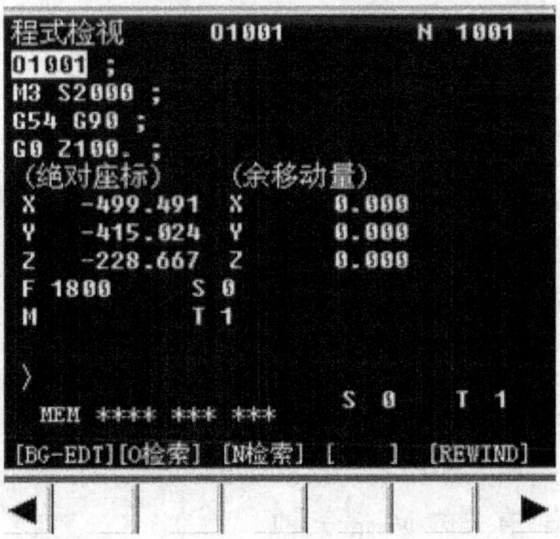

图 1-45 检索画面

(3) 按单段键 SBK 。

(4) 按循环启动键 循环启动 进行单段加工。

(5) 如程序没有问题按单段键 SBK 取消单段运行模式，最后按循环启动键加工。

提示:

程序运行过程中如出现异常情况马上按复位键 RESET，以消除故障。

课 后 习 题

一、选择题

1. 程序校验与首件试切的作用是(　　)。

   A. 检查机床是否正常

   B. 提高加工质量

   C. 检验程序是否正确及零件的加工精度是否满足图样要求

   D. 检验参数是否正确

2. 数控程序编制功能中常用的插入键是(　　)。

   A. INSERT　　B. ALTER　　C. DELETE

3. 数控程序编制功能中常用的删除键是(　　)。

   A. INSERT　　B. ALTER　　C. DELETE

4. 在 CRT/MDI 操作面板上页面变换键是(　　)。

   A. PAGA　　B. CURSOR　　C. EOB

5. 在 CRT/MDI 面板的功能键中，显示机床现在位置的键是(　　)。

   A. POS　　B. PRGRM　　C. OFSET

6. 在 CRT/MDI 面板的功能键中，用于程序编制的键是(　　)。

   A. POS　　B. PRGRM　　C. ALARM

7. 在 CRT/MDI 面板的功能键中，用于刀具偏置数设置的键是(　　)。

   A. POS　　B. OFSET　　C. PRGRM

8. 辅助功能中表示无条件程序暂停的指令是(　　)。

   A. M00　　B. M01　　C. M02　　D. M30

9. 辅助功能中表示程序计划停止的指令是(　　)。

   A. M00　　B. M01　　C. M02　　D. M30

10. 辅助功能中与主轴有关的 M 指令是(　　)。

    A. M06　　B. M09　　C. M08　　D. M05

二、解析程序结构

根据前面对程序结构的学习，划分表 1-4 中程序的程序名，程序内容，程序结束。

表 1-4　程序段

O0002	
N10　G90 G54 G00 X0 Y0	
N20　M03 S800	
N30　G00 Z5	
N40　G01 Z0　F50	
N50　　Z5	
N60　G00 Z100	
N70　M05	
N80　M30	

项目六　合理选用铣削三要素

项目目标

(1) 掌握切削速度 v_c、进给量 f、切削深度 a_p 三要素。

(2) 能根据切削速度计算转速。

(3) 理解铣削方式。

(4) 掌握顺铣和逆铣的用法和区别。

知识引导

1．铣削三要素定义

数控加工中的铣削(切削)三要素包括背吃刀量(切削深度)a_p、主轴转速 n 或切削速度 v_c(用于恒线速度切削)、进给速度 v_f 或进给量 f。

粗加工时，一般以提高生产效率为主，但也考虑经济性和加工成本。选择三要素时应首先选取尽可能大的背吃刀量 a_p，其次根据机床动力和刚性的限制条件选取尽可能大的进给量 f，最后根据刀具耐用度要求确定合适的切削速度 v_c。增大背吃刀量 a_p 可使走刀次数减少，增大进给量 f 有利于断屑。

精加工时，对加工精度和表面粗糙度要求较高，加工余量不大且较均匀，故一般选用较小的进给量 f 和背吃刀量 a_p，并且尽可能选用较高的切削速度 v_c。

问题：

(1) 切削三要素包括哪些内容？

(2) 说说数控铣床上怎样合理安排粗精加工的切削三要素。

2．铣削三要素选取方法

(1) 背吃刀量(切削深度)的确定。背吃刀量是指在通过切削刃基点并垂直于工作平面的方向上测量的吃刀量。

切削深度 a_p：在铣床、工件和刀具刚度允许的情况下，a_p 就等于加工余量，这是提高生产率的一个有效措施。为了保证零件的加工精度和表面粗糙度，一般应留一定的余量进行精加工。数控铣床的精加工余量可略小于普通铣床。

切削宽度 L：一般 L 与刀具直径 d 成正比，与切削深度成反比。经济型数控加工中，一般 L 的取值范围为 $L = (0.6 \sim 0.9)d$。

切削深度应根据工件的加工余量来确定。粗加工时，除留下精加工余量外，一次走刀尽可能切除全部余量。当加工余量过大、工艺系统刚度较低、铣床功率不足、刀具强度不够或断续切削的冲击振动较大时，可分多次走刀。切削表面层有硬皮的铸锻件时，应尽量使 a_p 大于硬皮层的厚度，以保护刀尖。半精加工和精加工的加工余量一般较小时，可一次切除，但有时为了保证工件的加工精度和表面质量，也可采用二次走刀。

多次走刀时，应尽量将第一次走刀的切削深度取大些，一般为总加工余量的 2/3～3/4。

背吃刀量根据铣床、工件和刀具的刚度来决定，在刚度允许的条件下，应尽可能使背吃刀量等于工件的加工余量，这样可以减少走刀次数，提高生产效率。为了保证加工表面质量，可留少量精加工余量，一般为 0.2～0.5 mm。

当侧吃刀量 $a_e < d/2$(d 为铣刀直径)时，取 $a_p = (1/3 \sim 1/2)d$；当侧吃刀量 $d/2 \leqslant a_e < d$ 时，取 $a_p = (1/4 \sim 1/3)d$；当侧吃刀量 $a_e = d$ 时，取 $a_p = (1/5 \sim 1/4)d$。

(2) 进给量的确定。进给量是指刀具在进给运动方向上相对工件的位移量，用刀具或工件每转或每行程的位移量来表述和度量。进给量 f 是数控铣床切削用量中的重要参数，主要根据零件的表面粗糙度要求以及刀具，工件的材料性质选取，单位为 mm/r 或 mm/min。

粗加工时，为缩短切削时间，进给量应取得大些，如工件材料较软时，可选取较大的进给量；精加工时进给量应小些，一般在 20～50 mm/min 范围中。最大进给速度受铣床刚度和进给系统的性能限制，并与脉冲当量有关。

切削深度选定后，一般应遵循下述原则。

① 当工件的质量要求能够得到保证时，为提高生产效率，可选择较高的进给速度。

② 在加工深孔或用高速钢刀具加工时，宜选择较低的进给速度。

③ 当加工精度，表面粗糙度要求高时，进给速度应选小些。

④ 刀具空行程时，可以设定该铣床数控系统设定的最高进给速度。

对于铣床：每分钟进给量 = 刀刃每齿进给量 × 铣刀齿数 × 主轴转速。即

$$F = f_z \cdot z \cdot n$$

式中：F——每分钟进给量(mm/min)；

f_z——每齿进给量(mm/z)；

z——铣刀齿数(z/min)；

n——主轴转速(r/min)。

(3) 切削速度 v_c 的确定。切削速度是指切削刃上选定点相对于工件的主运动的瞬时速度。v_c 的选择主要取决于刀具耐用度。另外，切削速度与加工材料也有很大关系。

在 a_p 和 f 选定以后，可在保证刀具合理耐用度的条件下，用计算的方法或用查表法确定切削速度 v_c 的值。在具体确定 v_c 值时，一般应遵循下述原则。

① 粗加工时，选择较低的切削速度；精加工时，选择较高的切削速度。

② 硬度和强度较高的工件材料加工性较差时，应选较低的切削速度。工件材料的切削性能较好时，宜选用较高的切削速度。

③ 刀具材料的切削性能越好时，切削速度也可选得越高。根据切削速度可以计算出主轴转速，主轴转速应根据零件上被加工部位的直径，并按零件和刀具的材料及加工性质等条件所允许的切削速度来确定，其计算公式为

$$n = \frac{1000 v_c}{\pi d}$$

式中：v_c——切削速度(m/min)，由刀具的耐用度决定；

n——主轴转速(r/s 或 r/min)；

d——铣刀的直径(mm)。

计算的主轴转速 n 最后要根据机床说明书选用合理的转速。

问题：

(1) 说说切削三要素的确定。

(2) 说说数控铣床上怎样合理选择切削三要素。

3. 铣削方式

顺铣：铣刀与工件接触部分的旋转方向与工件进给方向相同为顺铣，如图 1-46(a)所示。铣削时每齿切削厚度从最大逐渐减小到零。

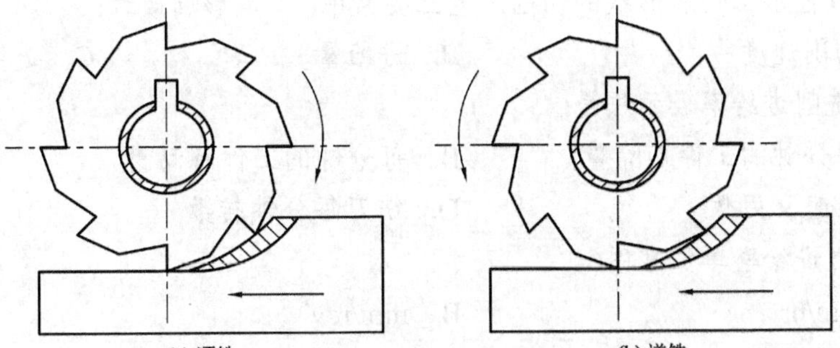

(a) 顺铣　　(b) 逆铣

图 1-46　顺铣与逆铣

逆铣：铣刀与工件接触部分的旋转方向与工件进给方向相反为逆铣，如图 1-46(b)所示。铣削时每齿切削厚度从零逐渐增大到最大。

4．顺铣、逆铣与走刀关系

绕工件外轮廓顺时针走刀为顺铣，绕工件外轮廓逆时针走刀为逆铣。绕工件内轮廓逆时针走刀为顺铣，绕工件内轮廓逆时针走刀为顺铣，如图 1-47 所示。

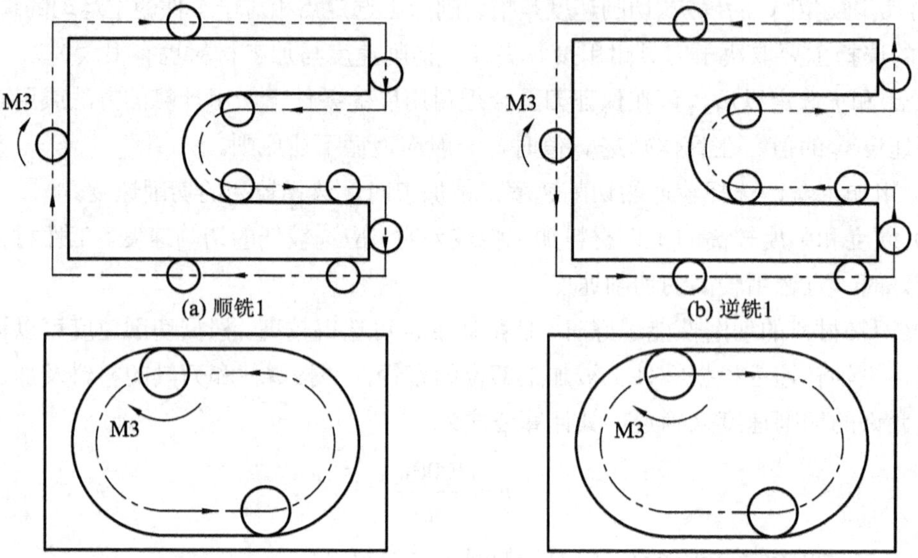

图 1-47　顺铣、逆铣与走刀关系

✦✦✦✦✦　课 后 习 题　✦✦✦✦✦

1. 若铣削速度为 75 m/min，铣刀直径为 80 mm，则铣刀每分钟回转数为(　　)转。

   A. 258　　B. 298

   C. 358　　D. 398

2. 影响数控加工切屑形状的切削用量三要素中(　　)影响最大。

   A. 切削速度　　B. 进给量　　C. 进给量

3. 一般铣削进给率表示法是(　　)。

   A. 每分钟的工件切除量　　B. 每分钟的工件移动量

   C. 转速×刃数　　D. 铣刀每分钟转数

4. 铣削之进给率单位常用(　　)表示。

   A. mm/hr　　B. mm/rev

   C. mm/min　　D. mm/sec

5. 采用直径为 10 mm 的四刃立铣刀加工零件，切削速度为 160 m/min，计算加工时的进给量 f 及主轴转速 n。

6. 主轴转速 n 为 600 r/min，进给量 f 为 75 mm/min，那么，用 mm/r 作为 f 的计量单位，它的值应该是多少？反过来怎么换算？它们在编程中的指令字分别如何表示？

模块二 基本形状编程

项目一 平面类零件编程

项目目标

(1) 进一步认识面铣刀及立铣刀结构特点及规格型号。
(2) 掌握平面铣削路径的方法及铣削用量。
(3) 能运用 G00、G01 对平面进行铣削加工。

知识引导

1. 平面类零件特征

零件上的平面根据功能特点可分为连接平面、配合平面和普通平面。这些平面按空间结构上的位置又可以分为水平面、垂直面和斜面。如图 2-1 所示，*A* 面与 *B* 面是相互垂直的平面；*C* 面是与水平面成一定夹角的斜平面。平面类零件是数控铣加工对象中较为简单的一类，也是数控加工操作的基本技能之一。

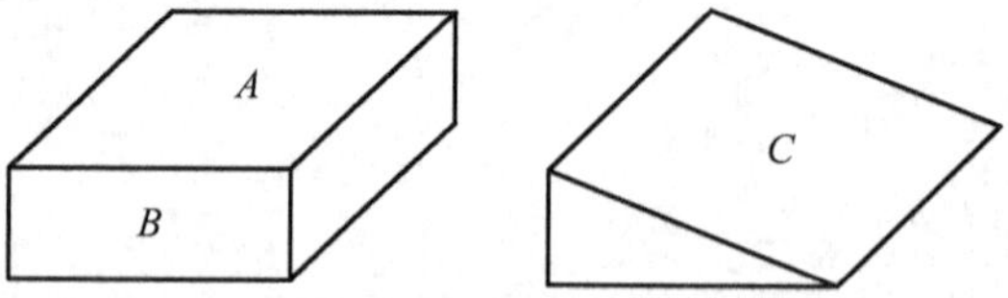

图 2-1 平面类零件

2. 铣平面用刀具

1) 面铣刀

面铣刀是用来切削工件平面用刀，面铣刀主切削刃分布在圆柱或圆锥表面上，端面切削刃为副切削刃，铣刀的轴线垂直于被加工表面。按刀齿材料划分，面铣刀可分为高速钢和硬质合金两大类，多制成套式镶齿结构，刀体材料为 40Cr。面铣刀种类较多，按刀齿数量划分，面铣刀可分为疏齿、密齿、超密齿，如图 2-2 所示。

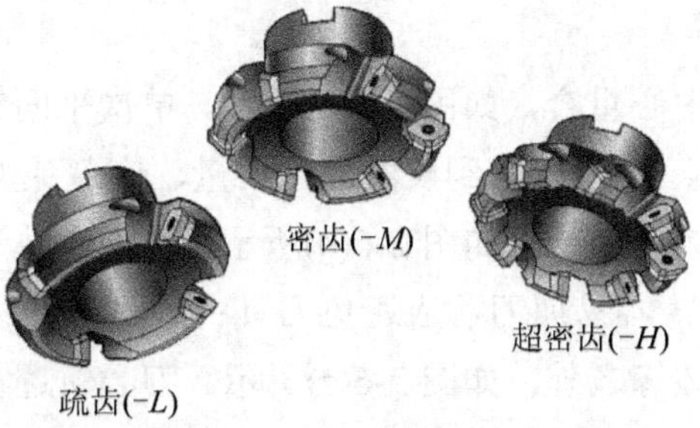

图 2-2　面铣刀

面铣刀主要用在立式铣床或卧式铣床上加工台阶面和平面，特别适合较大平面的加工。主偏角为 90°的面铣刀可铣底部较宽的台阶面，如图 2-3 所示。用面铣刀加工平面，参加切削的刀齿较多，又有副切削刃的修光作用，使加工表面粗糙度值小，因此可以用较大的切削用量，生产率较高，应用广泛。

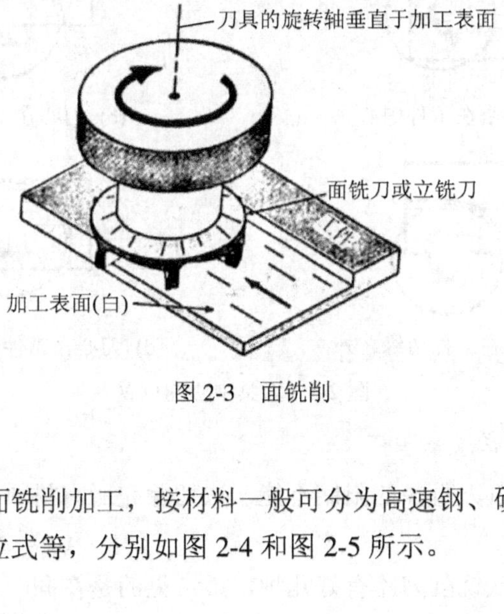

图 2-3　面铣削

2) 立铣刀

立铣刀也可用于平面铣削加工，按材料一般可分为高速钢、硬质合金钢、钨钢，按结构可分为整体式、可转位式等，分别如图 2-4 和图 2-5 所示。

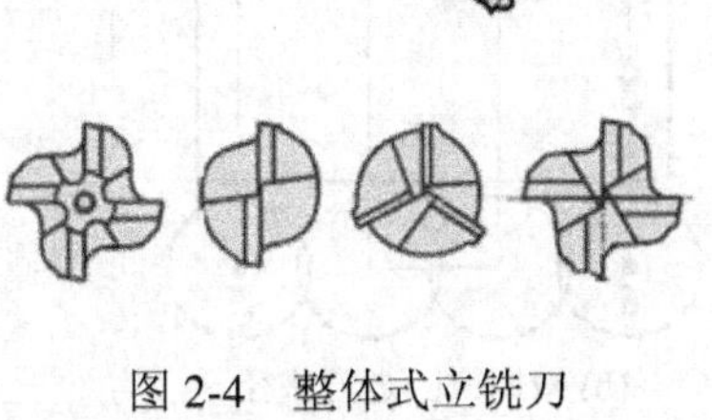

图 2-4　整体式立铣刀

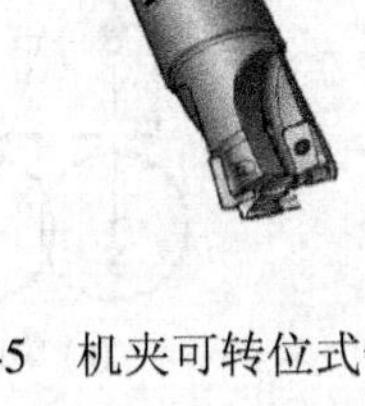

图 2-5　机夹可转位式铣刀

3. 铣平面走刀路径设置

1) 单次平面铣削路径

(1) 刀具中心与工件中心重合，如图 2-6(a)所示。单次平面铣削时，当刀具中心与工件中心重合时容易引起颤振，从而影响到表面加工质量，应避免刀具位于工件中间位置。

(2) 刀具中心与工件边缘重合，如图 2-6(b)所示。当刀心轨迹与工件边缘重合时，刀具进入工件材料时冲击最大，容易崩刀，应避免刀具中心与工件边缘重合。

(3) 刀具中心在工件边缘之外，如图 2-6(c)所示。刀心轨迹在工件边缘之外，刀具刚切入工件时，冲击力也较大，应避免刀心在工件之外。

(4) 刀具中心在工件边缘与工件中心之间，如图 2-6(d)所示。当刀具中心处于工件边缘与工件中心之间时，已切入工件材料的刀齿承受最大切削力，而刚切入工件的刀齿受力较小，引起的振动也小。设计平面铣削路径时，应选择刀具中心在工件边缘与工件中心之间。

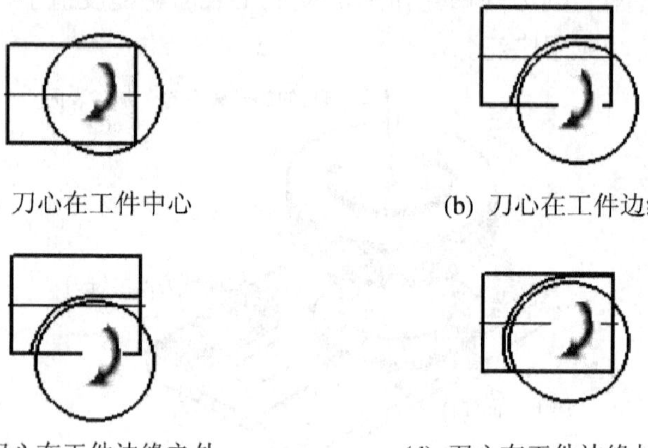

(a) 刀心在工件中心　(b) 刀心在工件边缘上

(c) 刀心在工件边缘之外　(d) 刀心在工件边缘与中心之间

图 2-6　刀具中心的位置

2) 多次平面铣削路径

对于大平面，由于铣刀直径的限制不能一次切除完所有材料，在同一深度要多次走刀才能切削完平面。

铣削大平面时，多次铣削刀路有好几种，最常见的是在同一深度上的单向多次和双向多次走刀路径，如图 2-7 所示。

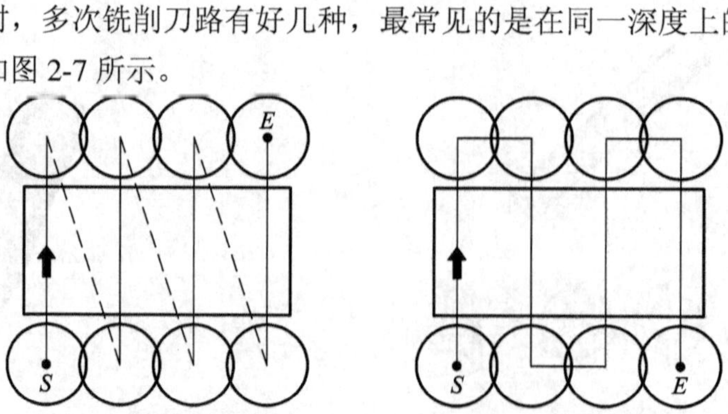

(a) 单向多次走刀路径　(b) 双向来回走刀路径

图 2-7　常用铣平面刀路

(1) 单向多次走刀路径。单向多次刀削时，切削起点在工件同一侧，另一侧为终点位置，每完成一次工作进给的切削后，刀具从工件上方快速返回到与切削起点在工件的同一侧，加工效率低，但这种刀路能保证切削为顺铣。

(2) 双向来回走刀路径。双向来回铣切削效率高，顺铣、逆铣交替出现，从而影响表面加工质量，对要求较高的工件不采用双向来加工铣，而粗加工时可采用这种刀路。

(3) 铣平面刀路的确定。在设计大平面刀具路线时，要根据零件平面的长度和宽度来确定刀具起始点的位置以及相邻两条刀具路线的距离(又称步距)。

由于面铣刀一般不允许 Z 向切削，故起始点的位置应选在零件轮廓以外。一般来说，粗铣和精铣时起始点的位置 $S>D/2$(D 为刀具直径)，如图 2-8 所示。为了保证刀具在下刀时不与零件发生切削，通常 S 的取值为刀具半径加上 3～5 mm。终止点位置 E 在粗加工时 $E>0$ 即可，精加工时为了保证零件的表面质量，$E>D/2$，使刀具完全离开加工面。

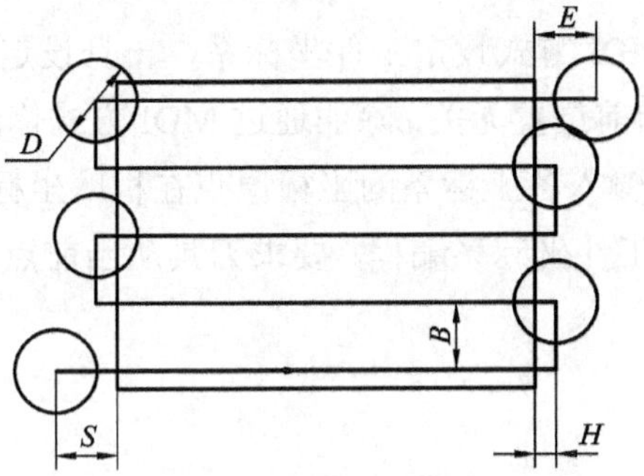

图 2-8　加工参数

两条刀具路径之间的间距 B，一般根据表面粗糙度的要求取(0.6～0.9)D，如刀具直径为 20 mm，路径间距取 0.8D 时，则两条路径的间距为 16 mm，这样就保证了两刀之间有 4mm 的重叠量，防止平面上因刀具间距太大留有残料。

铣削过程中，刀具中心距零件外侧的间隙距离为 H。粗加工时，为了减小刀具路径长度，提高加工效率，$H\geq0$；精加工时，为了保证加工平面质量，$H>D/2$，使刀具移出加工面。

问题：

(1) 铣平面有几种常用的走刀方式？

(2) 双向来回铣平面时如何计算周期？

4. 相关指令讲解

1) 工件坐标系选择指令(G54～G59)

格式：

G54(或 G55/G56/G57/G58/G59)；

说明：

该 6 个指令功能可分别设定工件坐标系原点相对机床坐标系原点的位置，如图 2-9 所示。G54～G59 指令可根据需要任意选用。G54～G59 指令为模态功能，可相互注销。

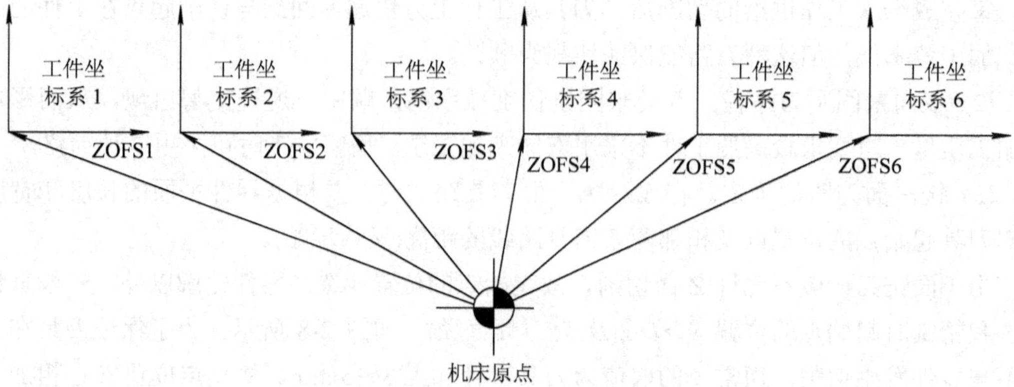

图 2-9　机床原点与工件坐标系

G54～G59 指令通过 MDI 方式设定工件坐标系，一旦设定，加工原点在机床坐标系中的位置不变，它与刀具的当前位置无关，除非通过 MDI 方式修改。因此，在使用 G54～G59 指令前，应先用 MDI 方式输入各坐标系的坐标原点在机床坐标系中的坐标值。

如图 2-10 所示，使用工件坐标系编程，要求刀具从当前点移动到 *A* 点，再从 *A* 点移动到 *B* 点。

```
G54;
G00G90X30Y40;
G59;
G00X30Y30;
…
```

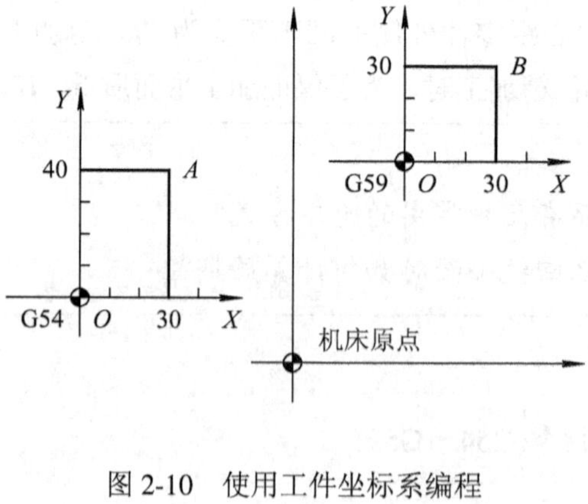

图 2-10　使用工件坐标系编程

2) 尺寸单位选择指令(G20和G21)

格式：G20;

　　　G21;

说明：

(1) G20 为英制输入，G21 为公制输入。

(2) 接通电源时默认为公制单位，G20 和 G21 可以相互注销。

3) 坐标平面指定指令(G17、G18、G19)

该组指令用来进行圆弧插补和刀具半径补偿的平面。G17 指定 *XY* 平面，G18 指定 *ZX* 平面，G19 指定 *YZ* 平面，如图 2-11 所示。G17、G18、G19 为模态功能，可相互注销，G17 为缺省值。故立式数控铣床(含数控加工中心)中，该组指令可隐含不写。

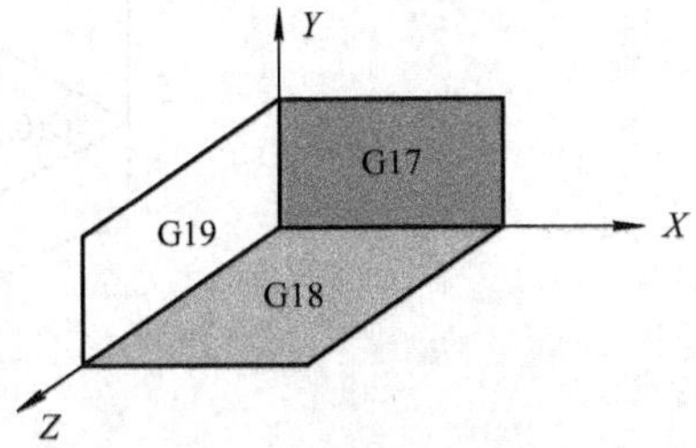

图 2-11　坐标平面选择

4) 绝对坐标编程

格式：G90X _Y_Z_;

说明：G90 指令规定在编程时按绝对值方式输入坐标，即移动指令终点的坐标值 *X*、*Y*、*Z* 都是以工件坐标系坐标原点(程序零点)为基准来计算的。如图 2-12 所示，刀具从 *A* 到 *B* 点用绝对值编程：

G90G0X90Y50Z18;

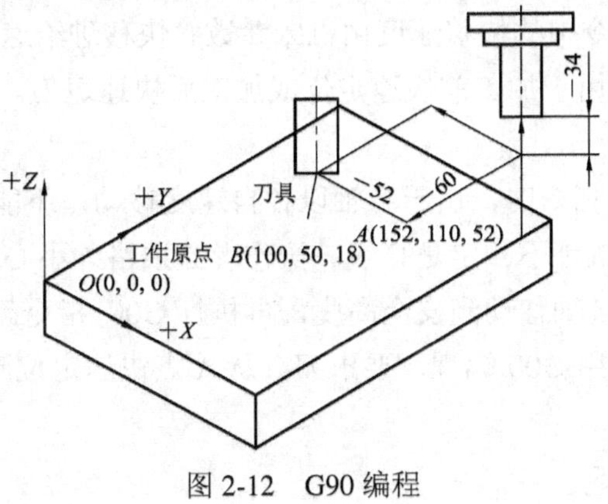

图 2-12　G90 编程

5) 相对值编程

格式：G91 X _Y_Z_;

说明：G91 指令规定在编程时按增量值方式输入坐标，即移动指令终点的坐标值 *X*、*Y*、*Z* 都是以起始点为基准来计算的，再根据终点相对于始点的方向判断正负，与坐标轴同向取正，反向取负。如图 2-13 所示，刀具从 *A* 到 *B* 点用相对值编程：

G91G0X-60Y-52Z-34;

问题：

(1) 通常机床默认的是哪一平面？

(2) 在铣床编程中用增量编程时，能不能用 U、W？如果用 U、W 时表示什么意思？

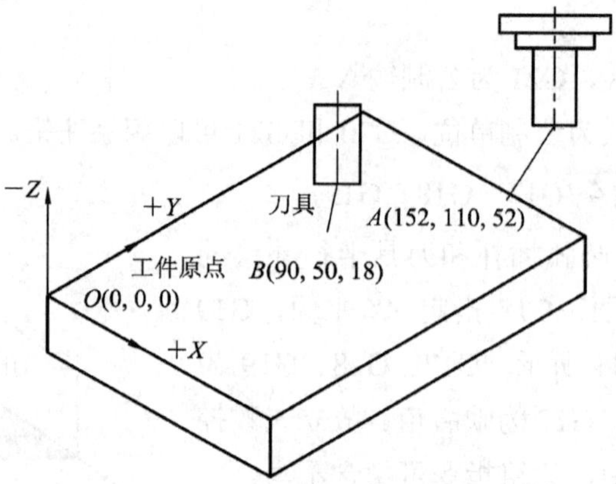

图 2-13　G91 编程

6) 快速定位指令(G00)

格式：G00 X_Y_Z_;

说明：X、Y、Z 为定位终点坐标，在 G90 时为终点在工件坐标系中的坐标；在 G91 时为终点相对于起点的位移量。不运动的轴可以不写。

G00 指定刀具相对于工件以各轴预先设定的速度，从当前位置快速移动到程序段指定的定位目标点。G00 指令中的快移速度由机床参数“快移进给速度”对各轴分别设定，不能用 F 规定。G00 一般用于加工前快速定位或加工后快速退刀。快移速度可由面板上的快速修调旋钮修正。

注意：在执行 G00 指令时，由于各轴以各自速度移动，不能保证各轴同时到达终点，因而联动直线轴的合成轨迹不一定是直线。操作者必须格外小心，以免刀具与工件发生碰撞。常见的做法是，将 Z 轴移动到安全高度，再执行 G00 指令。

如图 2-14 所示，使用 G00 编程，要求刀具从 A 点快速定位到 B 点。从 A 到 B 快速定位。用绝对值编程：

G90G00X90Y45;

用增量值编程：

G91G00X70Y30;

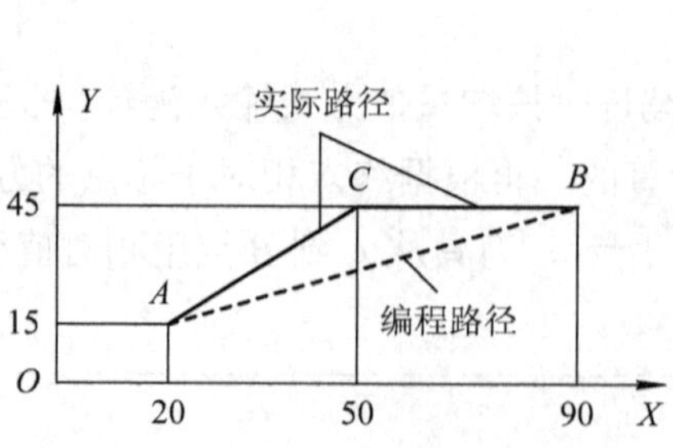

图 2-14　G00 编程

当 X 轴和 Y 轴的快进速度相同时，从 A 点到 B 点的快速定位路线为 A ⟶ C ⟶ B，以折线方式到达 B 点，而不是以直线方式从 A ⟶ B。

问题:
(1) G00 指令移动坐标轴的速度由哪个控制?
(2) G00 可以用于切削加工中吗？为什么？

7) 直线插补指令(G01)

格式：G01 X _Y_Z_ F_;

说明：X、Y、Z 为线性进给终点，在 G90 时为终点在工件坐标系中的坐标；在 G91 时为终点相对于起点的位移量；F 为合成进给速度。G01 指令刀具以联动的方式，按 F 规定的合成进给速度，从当前位置按线性路线(联动直线轴的合成轨迹为直线)移动到程序段指定的终点。

如图 2-15 所示，使用 G01 编程，要求刀具从 *A* 点到 *B* 点。

从 *A* 点到 *B* 点线性进给，用绝对值编程：

G90G01X90Y45F800;

用增量值编程：

G91G01X70Y30F800;

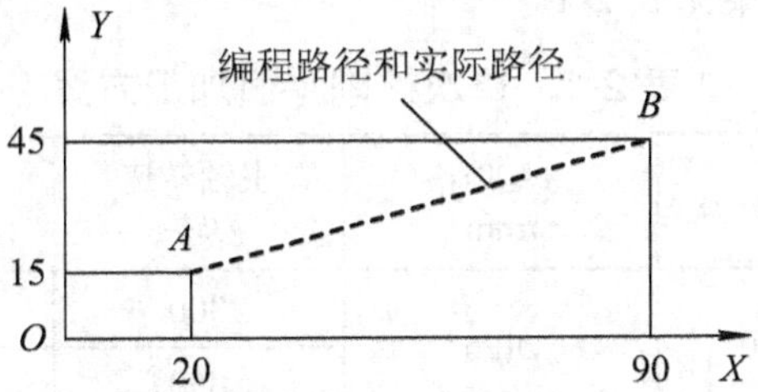

图 2-15　G01 编程

注意：(1) 刀具以 F 指定的进给速度沿直线移动到设定的位置。F 指定的进给速度，直到新的值被指定之前，一直有效。因此，无需对每个程序段都指定 F。

(2) 用 F 代码指定的进给速度是沿着直线轨迹测量的，如果 F 代码不指定，进给代码被当作零，如 G01 X200.0 Y100.0 F200.0。

问题:
(1) 解读 G01 指令格式及含义?
(2) G01 指令后面的 F 值可以省略不写吗？为什么？
(3) 说说 G00 与 G01 之间的区别？各自用在什么样的场合？

引导训练

在完成【知识引导】的学习后，立即进行编程加工，巩固所学知识和技能。

1．单次平面铣削

图 2-16 所示的 45 钢工件的上表面，区域大小为 80 mm × 120 mm 矩形，距基准面 40 mm 高度位置，并相对基准面有 0.08 mm 的平行度要求，形状公差为 0.06 mm 的平面度要求，表面粗糙度达 R_a3.2 的质量要求。

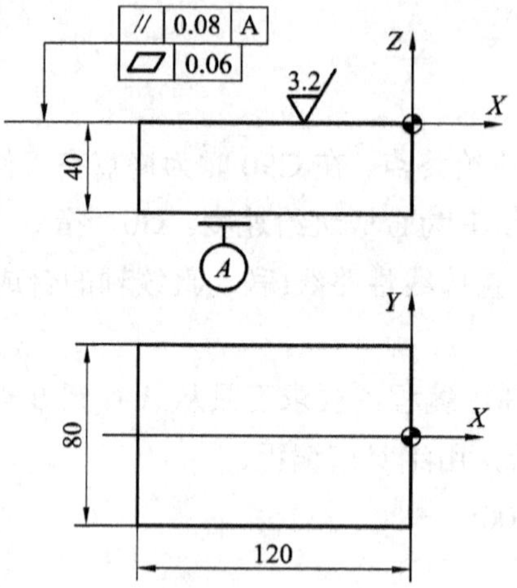

图 2-16　单次平面铣削

单次铣削平面加工方案见表 2-1。

表 2-1　单次铣削平面加工方案

工步号	工步内容	刀具号	刀具规格/mm	主轴转速/转	进给速度/(mm/min)	背吃刀量/mm
1	粗铣平面	T01	ϕ125	300	100	4
2	精铣平面			650	150	1

参考程序如下：

```
O1000;  //粗加工程序
G21 G17 G40 G49 G80;
G90 G54 G00 X75. Y-10. M03 S300;
Z20.;
Z-4.;
G01 X-190. F100;
Z20.;
M05;
M30;

O1001;  //(精加工程序
G00 G17 G40 G49 G80;
```

```
G90 G54 X75. Y-10. M03 S650;
Z20.;
Z-5.;
G01 X-190. F150;
Z20.;
M05;
M30;
```

2．多次平面铣削

如图 2-17 所示的零件材料为铝合金，上表面已进行了半精加工，现用键槽刀立铣刀精铣此零件上表面。

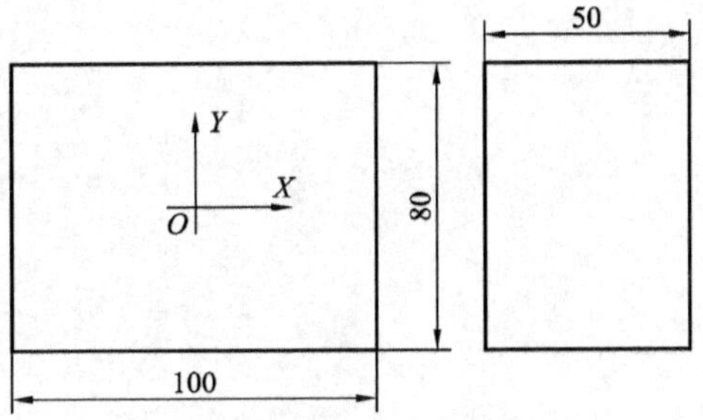

图 2-17　多次双向来回铣削

多次铣削平面加工方案见表 2-2，铣削刀路见图 2-18。

表 2-2　多次铣削平面加工方案

南通数控铣床			加工数据表				
工序	加工内容	刀具	刀具类型	主轴转速	进给量	半径补偿	长度补偿
1	平面铣削	T01	ϕ20 键槽刀	3000	360	无	根据加工深度

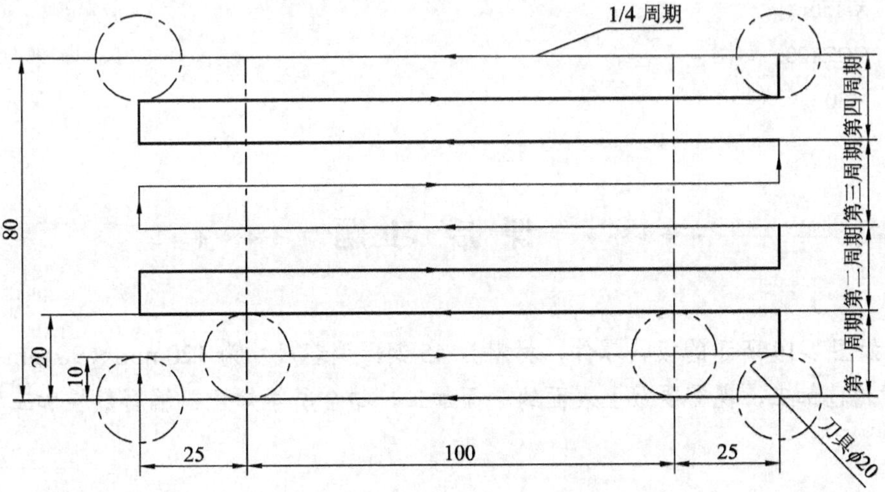

图 2-18　多次双向来回铣削刀路

参考程序如下：

```
O1000;
G90G54M3S3000;
G0Z100;
X75Y-40;
Z0;
G91G1Z-1.F360;
X-150;
Y10;
X150;
Y10;
X-150;
Y10;
X150;
Y10;
X-150;
Y10;
X150;
Y10;
X-150;
Y10;
X150;
Y10;
X-150;
GOZ100;
M30;
```

✦✦✦✦✦ 课后习题 ✦✦✦✦✦

1. 如图 2-19 所示的板状零件，材料为 45 钢，毛坯尺寸为 120 mm × 90 mm × 41 mm，6 个表面均已加工，现需要做上表面的平面加工，结合所学知识，编写数控加工程序。

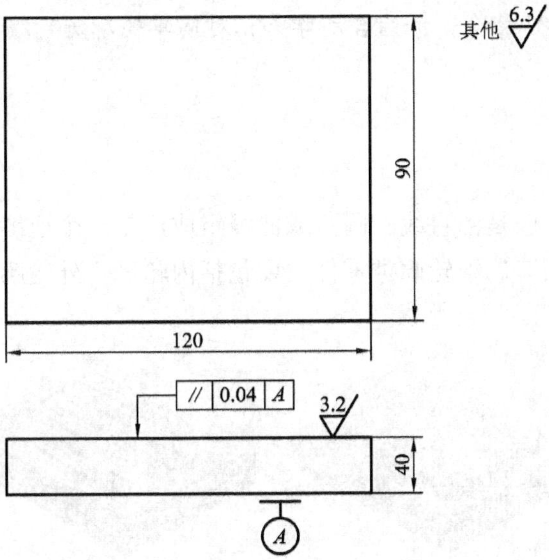

图 2-19　板状零件 1

2. 根据要求，结合所学知识，根据图 2-20 试编写数控加工程序。

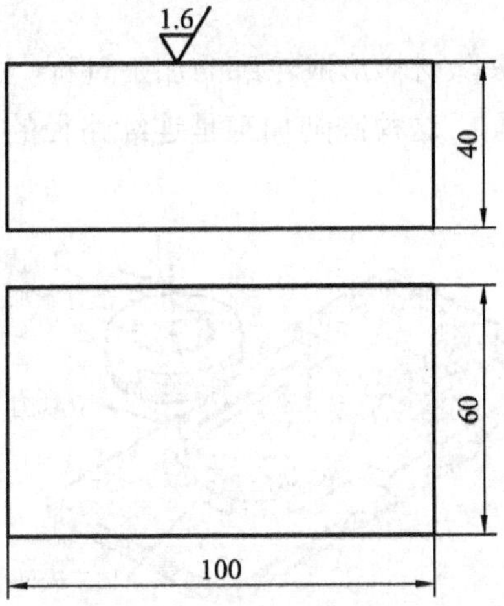

图 2-20　板状零件 2

项目二　简单外轮廓零件编程

项目目标

(1) 了解轮廓铣削所用的刀具。

(2) 掌握轮廓铣削加工路线安排。

(3) 掌握刀具补偿指令及使用方法。

(4) 能运用 G02/G03 指令，并结合所学知识对简单轮廓进行编程。

知识引导

1．轮廓零件特征

零件的轮廓表面一般是由直线、圆弧或曲线组成，是一个连续的二维表面，该表面展开后可以形成一个平面。二维轮廓类零件主要包括内轮廓、外轮廓、键槽、凹槽、沟槽、型腔等，如图 2-21 所示。

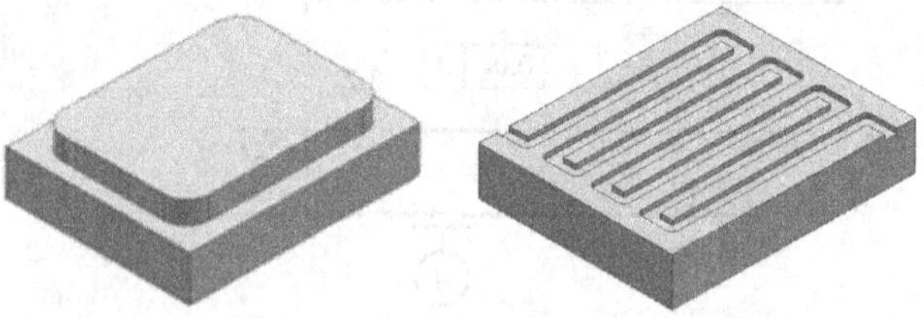

图 2-21　轮廓零件

2．铣轮廓所用刀具

轮廓铣削是使用立铣刀去除材料形成轮廓的加工过程，如图 2-22 所示。在轮廓铣削时，刀具的旋转轴平行于加工表面。这种铣削加工是连续路径的刀具运动，即刀具始终与工件保持接触。

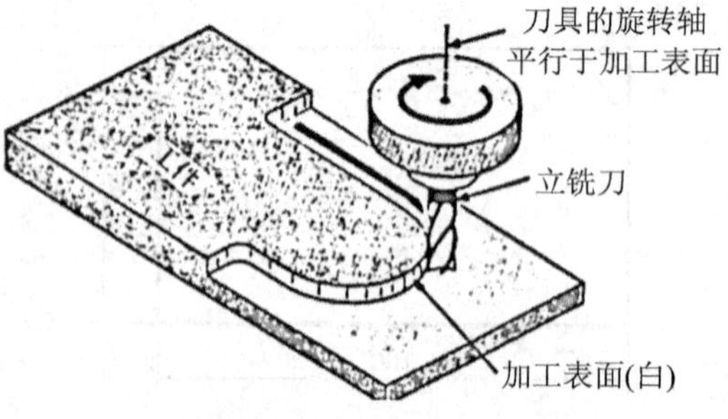

图 2-22　轮廓铣削

在轮廓铣削中最常用的立铣刀，可用于面加工、槽加工、钻入式切削、型腔加工。立铣刀直径为 0.8～50 mm，其结构如图 2-23 所示。立铣刀上有 2、3、4 个或更多的刀槽，这些螺旋形刀槽用于排屑和接纳切削液。

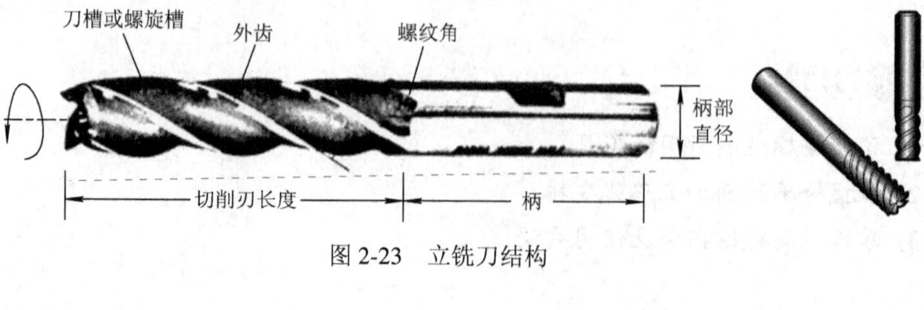

图 2-23　立铣刀结构

常用立铣刀使用说明如下：

(1) 必须考虑的立铣刀尺寸因素包括立铣刀直径、立铣刀长度和螺旋槽长度(侧刃长度)。

(2) 立铣刀的直径必须非常精确，立铣刀的直径包括名义直径和实测的直径。

(3) 刀具从主轴伸出的长度和立铣刀从刀柄夹持工具的工作部分中伸出的长度也值得认真考虑，立铣刀的长度越长，则抗弯强度减小，受力弯曲程度增大，会影响加工的质量，并容易产生振动，加速切削刃的磨损。

(4) 立铣刀根据其刀齿数目，可分为粗齿(Z 为 3、4、6、8)、中齿(Z 为 4、6、8、10)和细齿(Z 为 5、6、8、10、12)。粗齿铣刀刀齿数目少、强度高、容屑空间大，适用于粗加工；细齿刀齿数目多、工作平稳，适用于精加工。中齿介于粗齿和细齿之间。

(5) 在加工塑性大的工件材料，如铝、镁等，为避免产生积屑瘤，常用刀齿少的立铣刀，立铣刀刀齿越少，螺旋槽之间的容屑空间越大，可避免在切削量较大时产生积屑瘤。

(6) 加工较硬的脆性材料，需要重点考虑的是避免刀具颤振，应选择多刀齿立铣刀，刀齿越多切削越平稳，从而减小刀具的颤振。

(7) 小直径或中等直径的立铣刀通常有两个、三个和四个刀齿。三刀齿立铣刀兼有两刀齿刀具与四刀齿刀具的优点，加工性能好，但三刀齿立铣刀不是精加工的选择，因为很难精确测量其直径尺寸。键槽铣刀不管直径多大，通常只有两个螺旋槽，与钻头相似，可沿 Z 轴向切入实心材料。

立铣刀参数的确定(经验数据)如下：

(1) 零件的加工高度 $H \leqslant (1/4 - 1/6)R$，以保证刀具有足够的刚度。

(2) 对不通孔(深槽)，选取 $L = H + (5 \sim 10)$ mm (L 为刀具切削部分长度，H 为零件高度)。

(3) 加工外形及通槽时，选取 $L = H + r + (5 \sim 10)$mm(r 为端刃圆角半径)。

(4) 加工筋时，刀具直径为 $d = (5 \sim 10)b$ (b 为筋的厚度)。

3. 铣削方式的选择

1) 顺铣与逆铣

(1) 顺铣。铣刀与工件接触部分的旋转方向与工件进给方向相同为顺铣。铣削时每齿切削厚度从最大逐渐减小到零。比如用锄头挖地，而地面同时往你脚后移动，顺铣就是这样的状况。通俗地说，是刀齿追着材料“咬”，刀齿刚切入材料时切得深，而脱离工件时则切得少。顺铣时，作用在工件上的垂直铣削力始终是向下的，能起到压住工件的作用，对铣削加工有利，而且垂直铣削力的变化较小，故产生的振动也小，机床受冲击较小，同时顺铣也有利于排屑，所以数控铣削加工一般尽量用顺铣法加工(如图 2-24(a)所示)。

(2) 逆铣。铣刀与工件接触部分的旋转方向与工件进给方向相反为逆铣。铣削时每齿切削厚度从零逐渐增大到最大。比如用铲子铲地上的土，而地面同时迎着铲土的方向移动，逆铣就是这样的状况。通俗地说，是刀齿迎着材料“咬”，刀齿刚切入材料时切得薄，而脱离工件时则切得厚。这种方式机床受冲击较大，加工后的表面不如顺铣光洁，消耗在工件进给运动上的动力较大(如图 2-24(b)所示)。由于铣刀刀刃在加工表面上要滑动一小段距离，因此刀刃容易磨损。

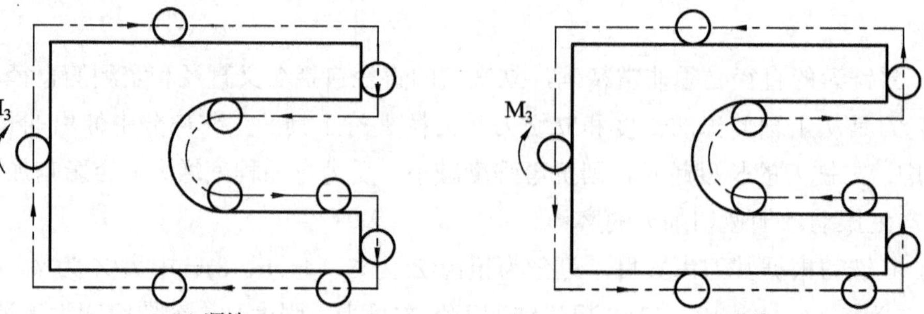

(a) 顺铣　　(b) 逆铣

图 2-24　顺铣与逆铣

2) 顺铣、逆铣与走刀关系

绕工件外轮廓顺时针走刀为顺铣，绕工件外轮廓逆时针走刀为逆铣，如图 2-25(a)和(b)所示；绕工件内轮廓逆时针走刀为顺铣，绕工件内轮廓顺时针走刀为逆铣，如图 2-25(c)和(d)所示。

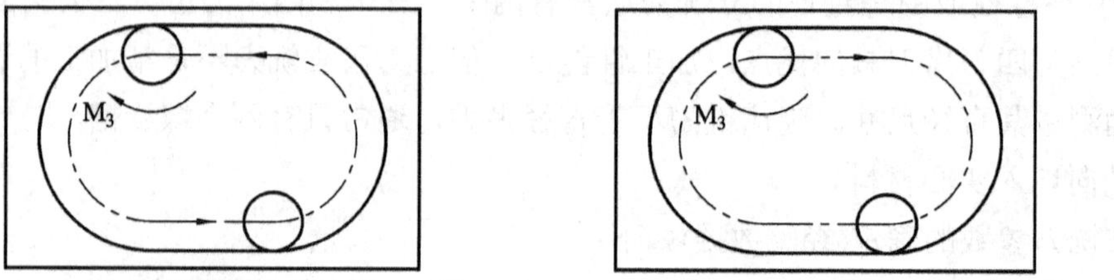

(a) 顺铣　　(b) 逆铣

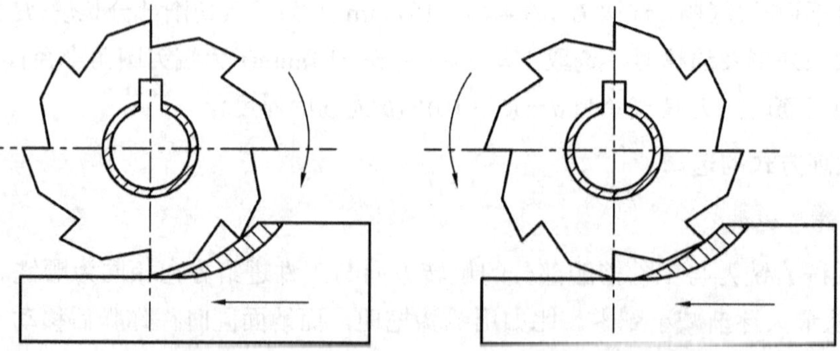

(c) 顺铣　　(d) 逆铣

图 2-25　顺铣、逆铣与走刀关系

4. 轮廓切入与切出方式

1) 切入方式

为避免在工件表面留下切入刀痕，不能在工件表面下刀，应在距离工件表面上切入点一段合适的距离处下刀，即沿切入点的几何线段的切线方向切入，一般有直线和圆弧切入方式。

2) 切出方式

轮廓铣削后，不要在工件表面停刀，要将刀具轨迹沿切线方向延伸出去，离开工件轮廓表面后退刀。

直线切入切出、直线切入圆弧切出和圆弧切入切出分别如图 2-26～图 2-28 所示。

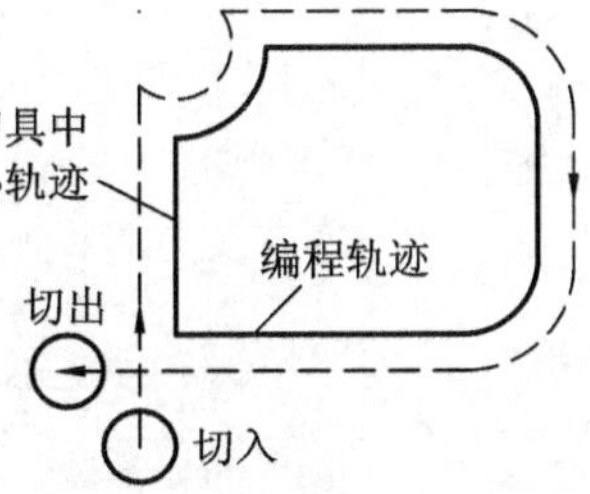

图 2-26　直线切入切出

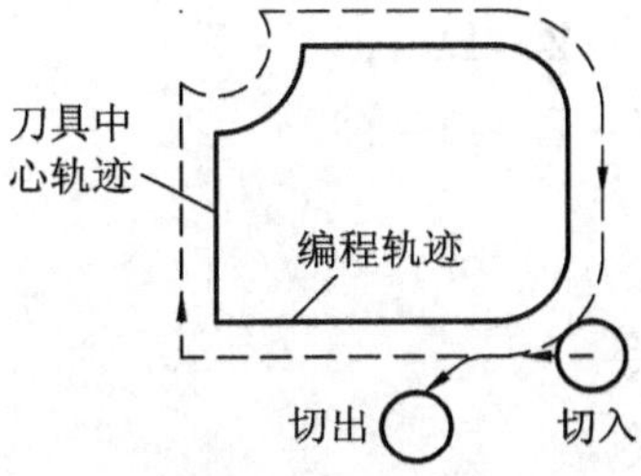

图 2-27　直线切入圆弧切出

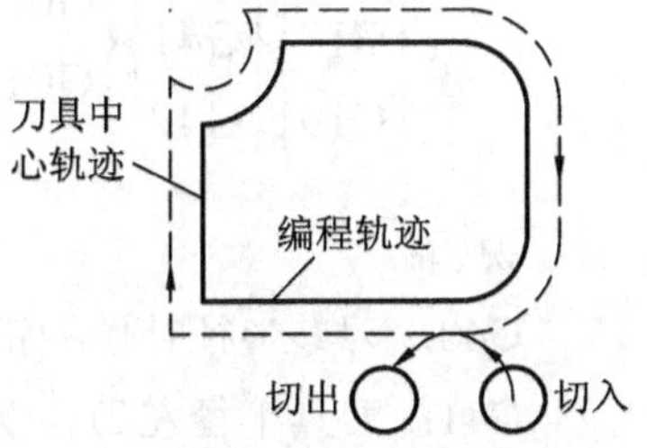

图 2-28　圆弧切入切出

问题：

(1) 说说什么是顺铣，什么是逆铣，用铣刀演示说明。

(2) 根据顺铣、逆铣加工的特性，分别说说其应用场合。

(3) 对比顺铣和逆铣，说说其优缺点。

5．刀具补偿指令

1) 刀位点

刀位点是用户在编制加工程序时指定刀具的某特征点作为刀具轨迹的计算位置基准点。对于端铣刀、立铣刀和钻头是指它们的底面中心，如图 2-29 所示；对于球头铣刀是指球心或球头顶点。

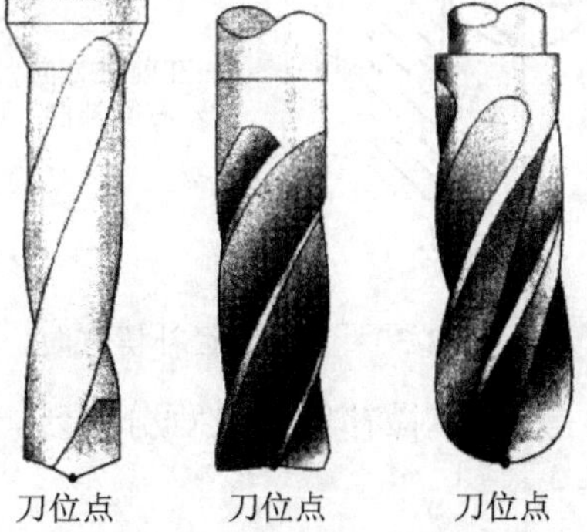

图 2-29　刀位点

2) 刀具半径补偿

在轮廓加工过程中，由于刀具总有一定的半径，所以在零件轮廓加工过程中刀位点的运动轨迹并不是零件的实际轮廓。在编程时按工件轮廓编写程序，这样刀位点只要偏移零件轮廓一个刀具半径，这种偏移就称刀具半径补偿。

格式：

$$\begin{Bmatrix}\mathrm{G17}\\\mathrm{G18}\\\mathrm{G19}\end{Bmatrix}\begin{Bmatrix}\mathrm{G40}\\\mathrm{G41}\\\mathrm{G42}\end{Bmatrix}\begin{Bmatrix}\mathrm{G00}\\\mathrm{G01}\end{Bmatrix}\left\{\begin{matrix}X-Y-D-;\\X-Z-D-;\\Y-Z-D-;\end{matrix}\right.$$

说明：

G40：刀具半径补偿撤销指令。

G41：刀具半径左刀补偿指令。

G42：刀具半径右刀补偿指令。

X、Y、Z：G00/G01 的参数，即刀补建立或取消的终点。

D：G41/G42 的参数，即刀补号码(D00～D99)，它代表了刀补表中对应的半径补偿值存放的地址。这是一组模态指令，默认为 G40。建立和取消刀具半径补偿必须与 G01 或 G00 指令组合来完成，实际编程时建议与 G01 组合。D 以及后面的数字表示刀具半径补偿号。

(1) 刀具半径左、右补偿的判断。依据以下定义：站在程序路径上，向铣削前进方向看，铣刀位于零件轮廓左边时为刀具半径左补偿；反之，为刀具半径右补偿。刀具半径补偿方向如图 2-30 所示。

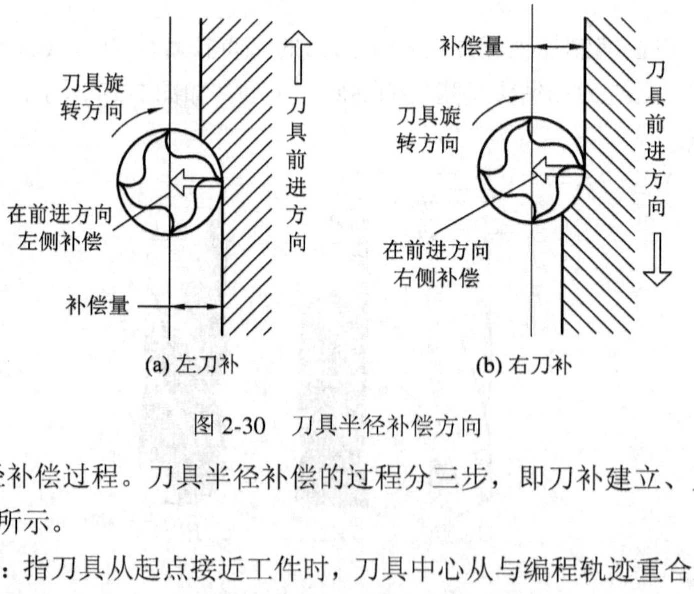

(a) 左刀补　　(b) 右刀补

图 2-30　刀具半径补偿方向

(2) 刀具半径补偿过程。刀具半径补偿的过程分三步，即刀补建立、刀补进行和刀补取消，如图 2-31 所示。

① 刀补建立：指刀具从起点接近工件时，刀具中心从与编程轨迹重合过渡到与编程轨迹偏离一个偏置量的过程。该过程的实现必须由 G00 或 G01 执行才有效。

② 刀补进行：在 G41 或 G42 指令之后，程序进入补偿模式，此时刀具中心与编程轨迹始终相距一个偏置量，直到刀具半径补偿取消。

③ 刀补取消：刀具离开工件，刀具中心轨迹过渡到与编程轨迹重合的过程。刀补的取消由 G40 来执行。

OA：刀补建立

ABCDA：刀补进行

EO：刀补取消

…

N10G41G01X100.Y100.D01；刀补建立

N20Y200.；

N30X200.；

N40Y100.；

N50X100.；

（N20～N50）刀补进行

N60G40G00X0Y0；刀补取消

…

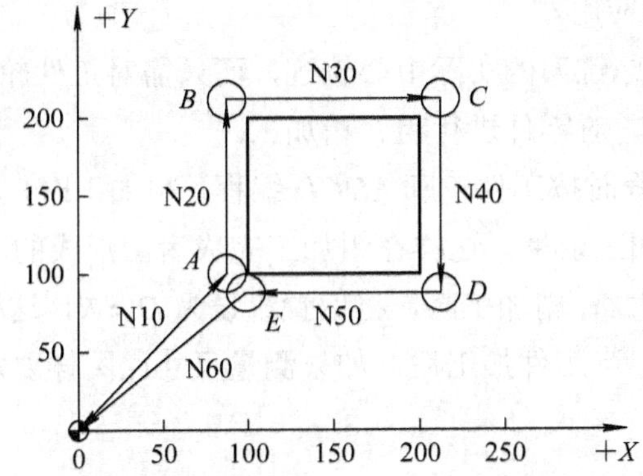

图 2-31　刀具半径补偿过程

(3) 刀具半径补偿的注意事项：

① 半径补偿的建立与取消程序段只能在 G00 或 G01 移动指令下才有效。通常采用 G01 运动方式来建立或取消刀补。

② 程序编制时，程序中只给予刀具半径补偿号，如 D11、D12…每一个刀具半径补偿号均代表一个补偿值，此补偿值可由参数设定为铣刀的直径或半径值(使用上，一般皆设定成铣刀的半径值)，而铣刀半径值加工时，预先由操作者键入到控制系统的刀具补偿号的画面中相对应的号码内。

③ 在刀具补偿模式下，紧跟 G41/G42 程序段的下两句程序段中必须有一个程序段包含补偿平面内的移动指令(X，Y)，且一般不允许存在连续两段以上的非补偿平面内移动指令，否则刀具也会出现过切等危险动作。

④ 为了加工安全和便于计算坐标，最好采用切线切入方式或法线切入方式，在工件外侧(轮廓的延长线上)来建立或取消刀补。

⑤ 为了防止在半径补偿建立与取消过程中刀具产生过切现象(图 2-32 中的 *OM* 和图 2-33 中的 *AM*)，刀具半径补偿建立与取消程序段的起始位置与终点位置最好与补偿方向在同一侧(图 2-32 中的 *OA* 和图 2-33 中的 *AN*)。

⑥ G41/G42 必须和 G40 配对使用，即一个 G41/G42 要有一个 G40 取消后再建立其他补偿。

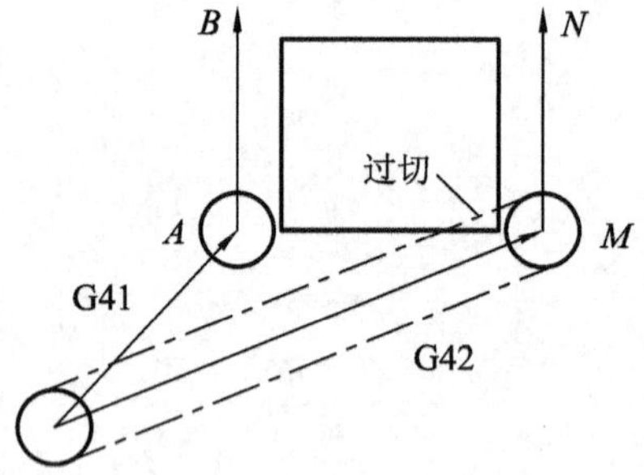

图 2-32　建立刀补进刀

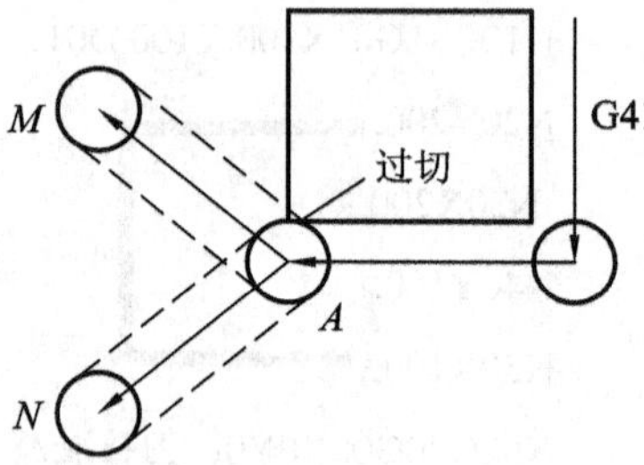

图 2-33　取消刀补退刀

(4) 刀具半径补偿的应用。

① 在编程时不用考虑铣刀的实际中心轨迹，而只需对工件轮廓进行编程。

② 采用同一程序段，对零件进行粗、精加工。

如图 2-34 所示，编程时按工件轮廓 *ADCD* 编程，粗加工时，将偏置量设为 $D=R+\Delta$，R 为刀具半径，Δ 为精加工余量，这样在粗加工完成后，形成的工件轮廓的加工尺寸要比实际轮廓 *ABCD* 每边都大Δ；精加工时，将偏置量设为 $D=R$，这样，零件加工完成后，即得到轮廓 *ABCD*。同理，当工件加工后，如果测量尺寸比图样要求尺寸大时，也可用同样的办法进行修整解决。

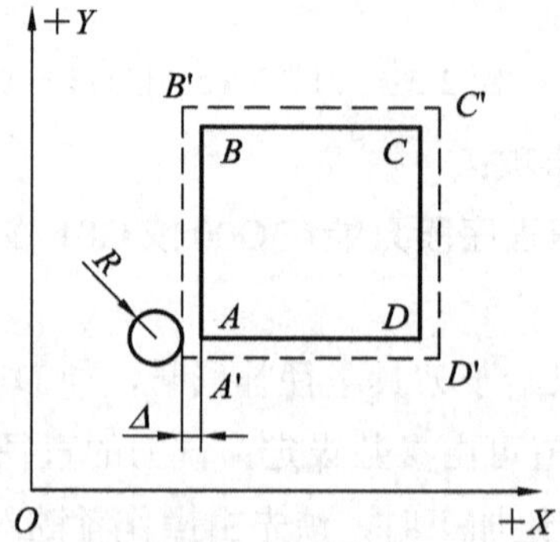

图 2-34　采用刀具半径补偿保留精加工余量

引导训练

编制图 2-35 的程序。

左刀补：

…

```
G1G41D01X-50Y-50.F800;
Y50;
X50;
Y-50;
X-50;
G40X-65Y-65;
…
```

右刀补：

```
…
G1G42D01X50Y-50.F800;
Y50;
X-50;
Y-50;
X50;
G40X65Y-65;
…
```

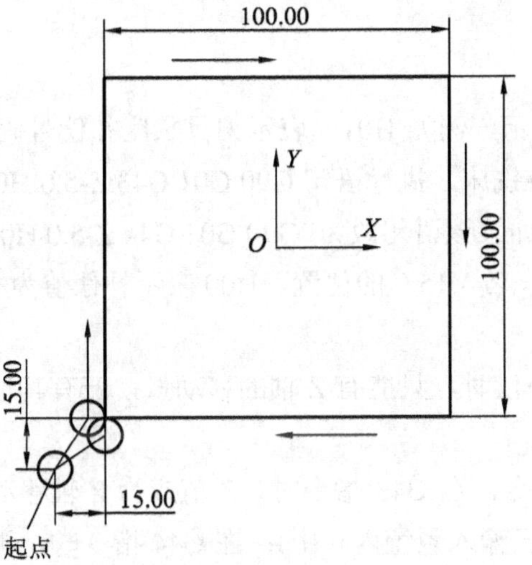

(a) 左刀偏

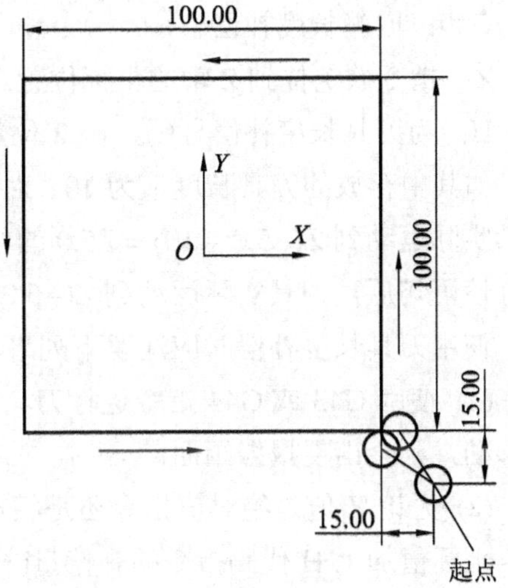

(b) 右刀偏

图 2-35　左刀偏和右刀偏

问题：

(1) 说说什么是刀具半径左补偿，什么是半径右补偿。怎样判别？

(2) 刀具半径补偿怎样建立及取消？

3) 刀具长度补偿

刀具长度补偿是为了使刀具顶端到达程序指定位置而进行的刀具位置补偿。一般情况下，加工同一零件需用多把刀具。由于装刀长度不一致，引起长度尺寸会发生变化。为了不改变已编制好的程序，可利用系统的刀具长度补偿功能，只需要将刀具长度尺寸变化值输入系统，系统就可以自动地对刀具长度尺寸变化进行补偿，从而方便编程。

格式：

$$\left\{\begin{matrix}G43\\G44\\G49\end{matrix}\right\}\left\{\begin{matrix}G00\\G01\end{matrix}\right\}Z\_H\_;$$

说明：

(1) 刀具长度补偿是纠正刀具编程长度和刀具实际长度差异的过程。CNC 铣床或 MC 所使用的刀具，因每把刀具的长度不尽相同，故当一个程序中使用多把长度不一的刀具时，需引入刀具长度补偿以使每一把刀加工出来的深度均正确。

(2) 格式中代码含义如下。

G43：刀具长度正补偿。

G44：刀具长度负补偿。

G49：取消长度补偿。

Z：指令欲定位到 Z 轴的坐标位置。

H：为刀具长度补偿号码，以 2 位数字表示。例如 H01，表示刀具长度补偿号码为 01 号，如其中存放的刀具长度值为 10。对于数控铣床，执行语句 G90 G01 G43 Z-5.0 H01 后，刀具实际运动到 Z(−5.0 + 10) = Z5.0 的位置，如果该语句改为 G90 G01 G44 Z-5.0 H01，则执行该语句后，刀具实际运动到 Z(−5.0 − 10) = Z − 15.0 的位置。H00 表示补偿值为 0。

使用刀具长度补偿时应注意下列事项：

(1) 使用 G43 或 G44 指令进行刀具长度补偿时，只能有 Z 轴的移动量，若有其他轴向的移动，则会出现报警画面。

(2) 无论 Z 值是绝对值指令还是相对值指令，在 G43 指令时，Z 值应为 Z 轴移动指令终点坐标值加上 H 代码指令的补偿量(补偿量已输入系统内存中)；在 G44 指令时，则减去 H 代码指令的补偿量。将计算结果的坐标值作为终点坐标值。

6．圆弧插补指令(G02/G03)

1) 格式

$$G17\left\{\begin{matrix}G02\\G03\end{matrix}\right\}X-Y-\left\{\begin{matrix}I-J-\\R-\end{matrix}\right\}F-;$$

$$G18\left\{\begin{matrix}G02\\G03\end{matrix}\right.X-Z-\left\{\begin{matrix}I-K-\\R-\end{matrix}\right\}F\_;$$

$$G19\begin{Bmatrix}G02\\G03\end{Bmatrix}Y\_Z\_\begin{Bmatrix}J\_K\_\\R\_\end{Bmatrix}F\_;$$

说明：

X、Y、Z：圆弧终点，在 G90 时为圆弧终点在工件坐标系中的坐标；在 G91 时为圆弧终点相对于圆弧起点的位移量。

I、J、K：从圆弧起点到圆心位置，在 *X*、*Y*、*Z* 轴上的分向量。(以 I、J、K 表示的称为圆心法。)

X 轴的分向量用地址 I 表示。I 为圆心的 X 坐标值 – 起点的 X 坐标值，如图 2-36(a)所示。

Y 轴的分向量用地址 J 表示。J 为圆心的 Y 坐标值 – 起点的 Y 坐标值，如图 2-36(b)所示。

Z 轴的分向量用地址 K 表示。K 为圆心的 Z 坐标值 – 起点的 Z 坐标值，如图 2-36(c)所示。

R：圆弧半径，当圆弧圆心角小于 180° 时，R 为正值，否则 R 为负值。

F：切削进给速率，单位为 mm/ min。

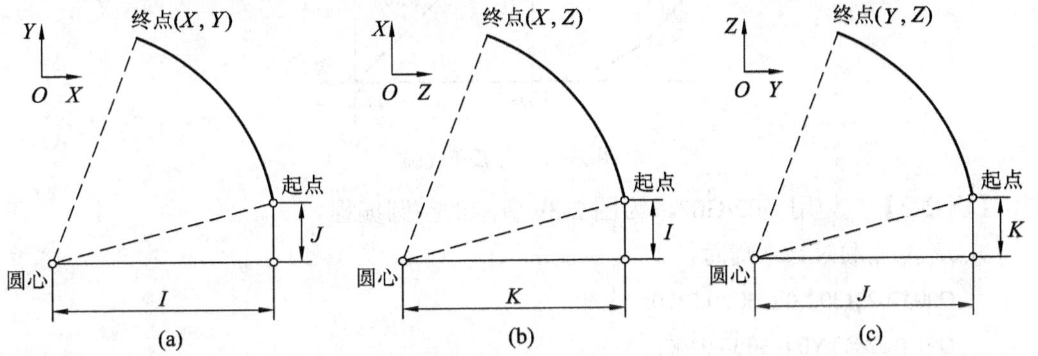

图 2-36　圆弧插补

2) 圆弧插补方向判断

圆弧插补的顺逆可按图 2-37 给出的方向判断：沿着圆弧所在平面垂直坐标轴的负方向看去，加工走刀方向为顺时针 G02，逆时针 G03。

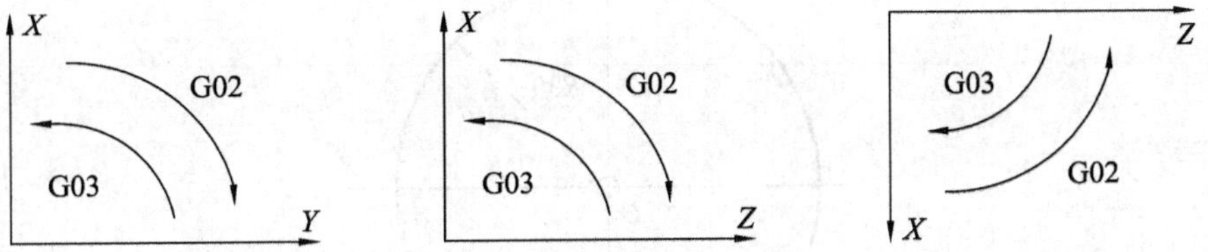

图 2-37　圆弧插补方向判断

【例 2-1】　使用 G02，为图 2-38 所示的劣弧 a 和优弧 b 编程。

(1) 圆弧 a。

G91 G02 X30 Y30 R30 F300;

G91 G02 X30 Y30 I30 J0 F300;

G90 G02 X0 Y30 R30 F300;

G90 G02 X0 Y30 I30 J0 F300;

(2) 圆弧 b。

G91 G02 X30 Y30 R–30 F300;

G91 G02 X30 Y30 I0 J30 F3;

G90 G02 X0 Y30 R–30 F300;

G90 G02 X0 Y30 I0 J30 F300;

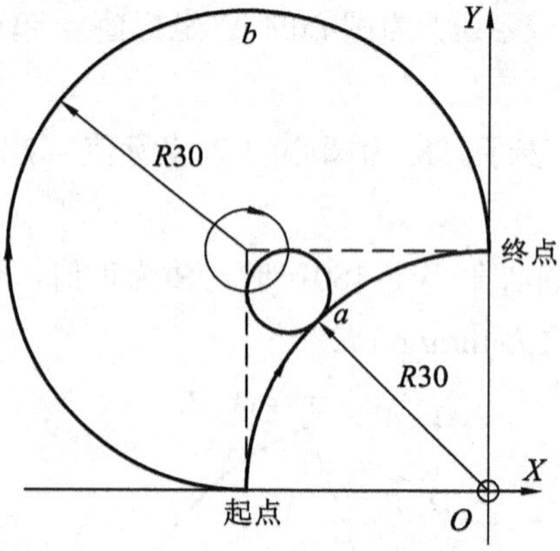

图 2-38 劣弧和优弧

【例 2-2】 使用 G02/G03，为图 2-39 所示的整圆编程。

(1) 从 A 点顺时针一周时。

G90 G02 X30 Y0 I–30 J0 F300;

G91 G02 X0 Y0 I–30 J0 F300;

(2) 从 B 点逆时针一周时。

G90 G03 X0 Y–30 I0 J30 F300;

G91 G03 X0 Y0 I0 J30 F300;

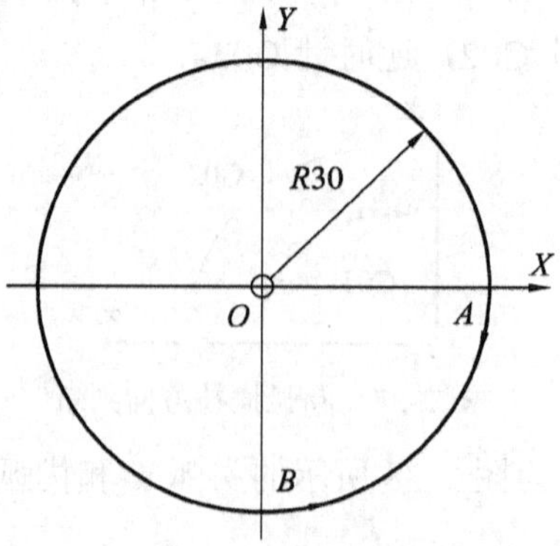

图 2-39 整圆

注意：

(1) 顺/逆时针是从垂直于圆弧所在平面的坐标轴的正方向看到的回转方向。

(2) 整圆编程时不可以使用 R，只能用 I、J，K。

(3) 同时编入 R 与 I、J、K 时，R 有效。

(4) 一般 CNC 铣床或 MC 开机后，即设定为 G17(*XY* 平面)，故在 *XY* 平面上铣削圆弧，可省略 G17 指令。

问题：

(1) 数控铣床可以用指令 G02 和 G03 加工整圆吗？

(2) 一般在什么情况下用 I、J、K 编写圆弧程序？试举例说明。

(3) 能根据实物判断哪个圆弧是优弧，哪个圆弧是劣弧吗？

引导训练

在完成知识引导的学习后，立即进行图 2-40 所示外轮廓的编程加工，巩固所学知识和技能。

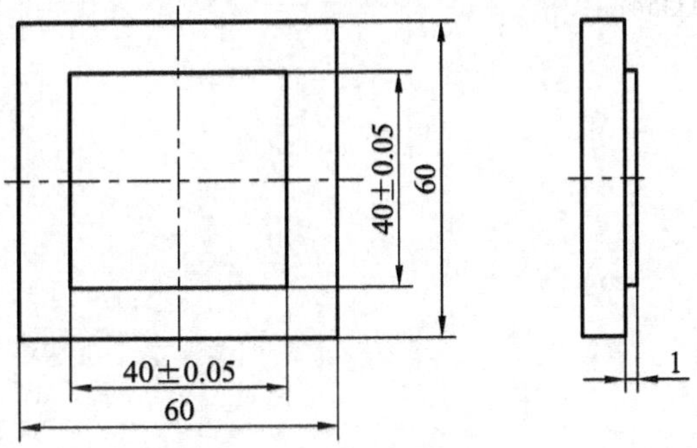

图 2-40　外轮廓 1

拟定加工方案见表 2-3。

表 2-3　加 工 方 案

南通数控铣床			加工数据表				
工序	加工内容	刀具	刀具类型	主轴转速	进给量	半径补偿	长度补偿
1	粗铣外轮廓	T01	ϕ12 立式铣刀	1200	500	D1	—
2	精铣外轮廓	T01	ϕ12 立式铣刀	1500	350	D2	—

程序如下：

```
O1234;    //粗加工程序
G21 G40 G49 G90 G54;
M03 S1200;
```

```
G00 X-20 Y-45;
Z5;
G01 Z-1 F500;
G41 Y-20 D01;
Y20;
X20;
Y-20;
X-20;
G40 Y-45;
Z5;
G00Z50;
M05;
M30;

O4567;    //精加工程序
G21 G40 G49 G90 G54;
M03 S1500;
G00 X-20 Y-45;
Z5;
G01 Z-1 F350;
G41 Y-20 D02;
Y20;
X20;
Y-20;
X-20;
G40 Y-45;
Z5;
G00Z50;
M05;
M30;
```

✦✦✦✦✦ 课 后 习 题 ✦✦✦✦✦

1. 根据图 2-41 的加工要求，拟定加工路线，合理选择刀具和切削参数，编写加工程序。

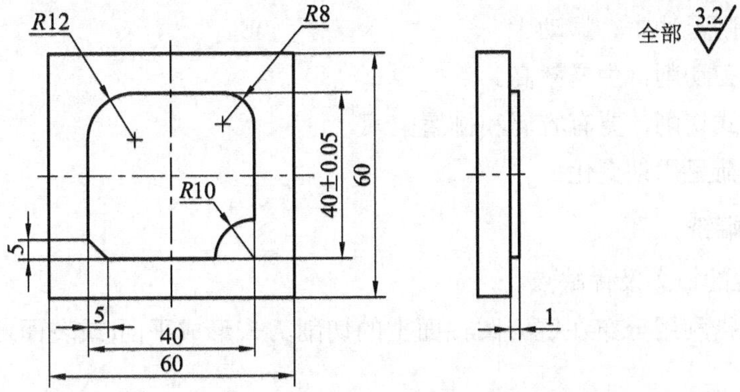

图 2-41　外轮廓 2

2. 根据图 2-42 的加工要求，拟定加工路线，合理选择刀具和切削参数，编写加工程序。

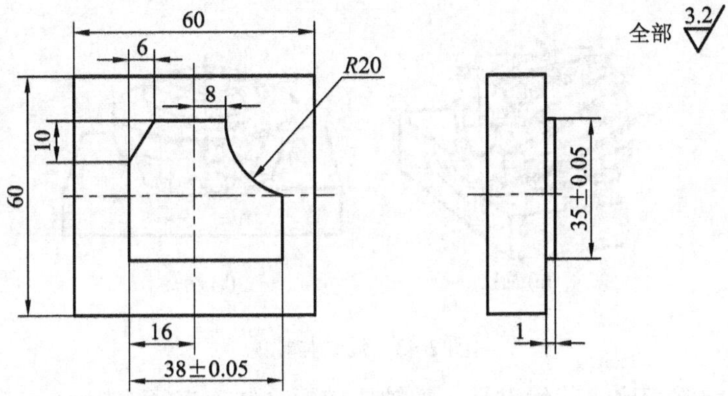

图 2-42　外轮廓 3

项目三　简单内轮廓零件编程

项目目标

(1) 能够说出数控铣削的特点。

(2) 了解周铣、端铣加工，能够说出周铣与端铣的区别。

(3) 掌握内轮廓加工路线的确定原则，合理选择内轮廓的切入、切出路线。

(4) 能够合理选用加工方式，完成内轮廓的编程与加工。

知识引导

1. 铣削特点

铣削特点如下：

(1) 断续切削，冲击、振动大。

(2) 多刀多刃切削，生产率高。

(3) 半封闭式切削，要有容屑和排屑空间。

(4) 切削负荷呈周期变化。

2．周铣与端铣

周铣与端铣的概念及优缺点。

(1) 周铣是指利用分布在铣刀圆柱面上的切削刃来形成平面(或表面)的铣削方法(如图2-43(a)所示)。

(2) 端铣是指利用分布在铣刀端面上的端面切削刃来形成平面的铣削方法(如图2-43(b)所示)。

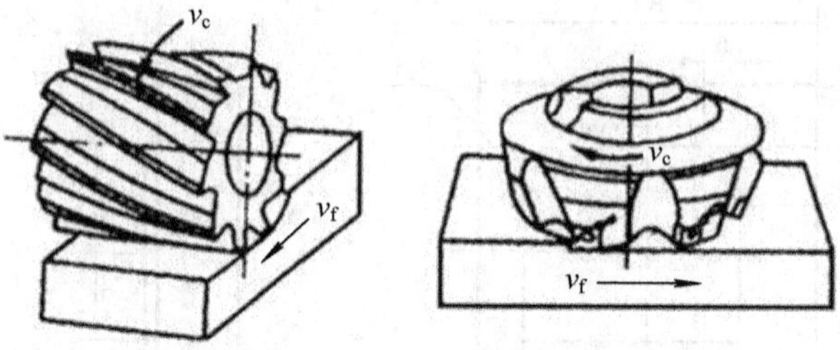

(a) 周铣　　(b) 端铣

图2-43　周铣与端铣

(3) 周铣与端铣相比，其优点是：刀轴比较短，铣刀直径比较大，工作时同时参加切削的刀齿较多，铣削时较平稳，铣削用量可适当增大，切削刃磨损较慢，能一次铣出较宽的平面。端铣的缺点是：一次的铣削深度一般不及周铣。在相同的铣削用量条件下，一般端铣比周铣获得的表面粗糙度值要大。

问题：

(1) 通过加工练习，简述一下数控铣削加工的特点。

(2) 说说什么是周铣，什么是端铣，并用铣刀演示说明。

(3) 对比周铣和端铣，说说其优缺点。

3．内轮廓加工

1) 内轮廓加工的进退刀方法

铣削内轮廓时，也要尽量避免法向切入和切出。铣削封闭的内轮廓表面时，若内轮廓曲线允许外延，则应沿切线方向切入和切出；若内轮廓曲线不允许外延(如图2-44所示)，刀具只能沿内轮廓曲线的法向切入切出，此时刀具的切入切出点应尽量选择在曲线两几何元素的交点处。

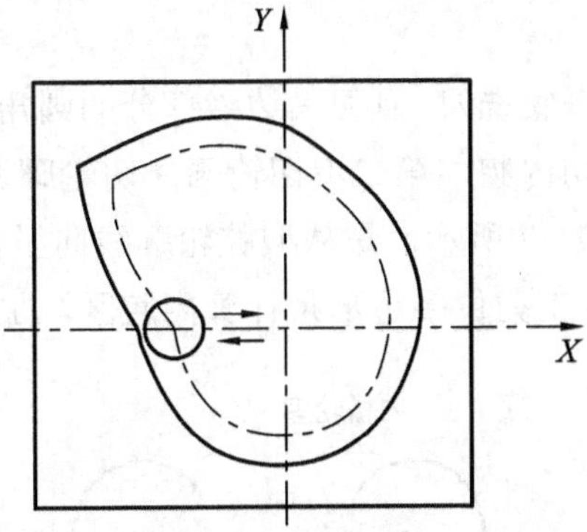

图 2-44　刀具沿内轮廓曲线的法向切入切出

当内部几何元素相切点无交点时(如图 2-45 所示)，为防止刀补取消时在零件轮廓拐角处留下凹口(如图 2-45(a)所示)，刀具切入切出点应远离拐角(如图 2-45(b)所示)。

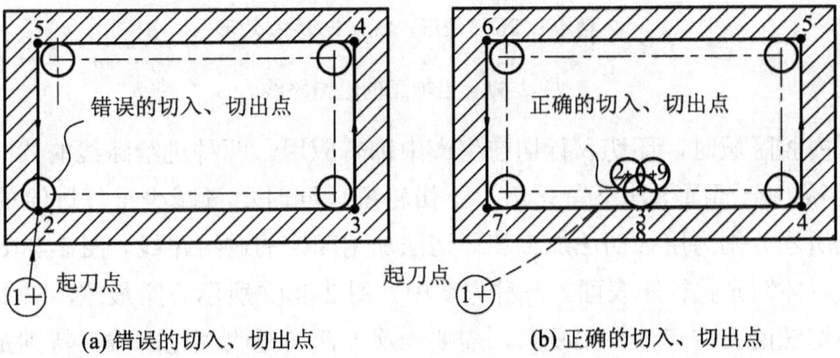

图 2-45　切入、切出点

铣削内圆弧时，为遵循从切向切入的原则，可以安排从圆弧过渡到圆弧的加工路线(如图 2-46 所示)，这样可以提高内孔表面的加工精度和加工质量。

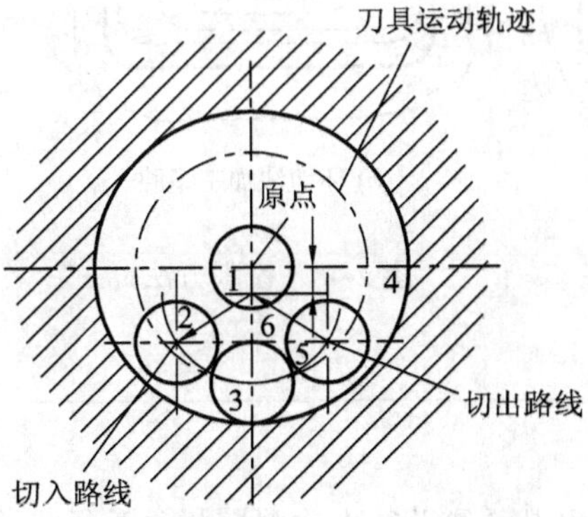

图 2-46　铣削内圆弧

2) 内轮廓的铣削方法

加工平底型腔时一律用平底铣刀，且刀具边缘部分的圆角半径应符合型腔的图样要求。型腔的切削分两步，第一步切内腔，第二步切轮廓。切轮廓通常又分为粗加工和精加工两步。粗加工的进给路线如图 2-47 所示，是从型腔轮廓线向里偏置铣刀半径 R，并且留出精加工余量 y。由此得出的粗加工刀位多边形是计算内腔区域加工进给路线的依据。

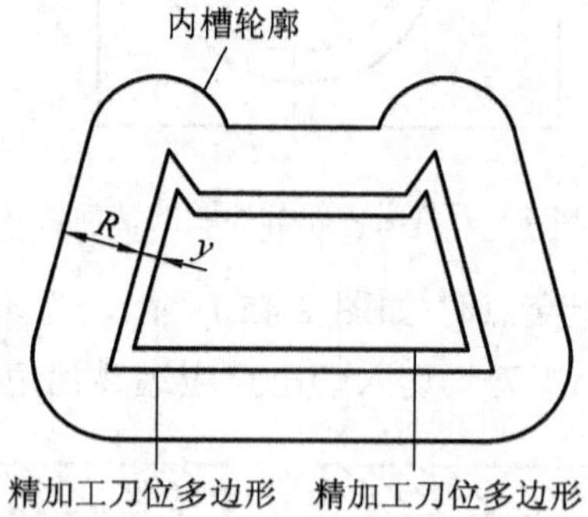

图 2-47　粗加工的进给路线

在切削内腔区域时，环切和行切在生产中都有应用。两种进给路线的共同点是，都要切净内腔区域的全部面积，不留死角，不伤轮廓，同时尽量减少重复进给的搭接量。图 2-48(a)、(b)所示分别为用行切法加工和环切法加工凹槽的进给路线。图 2-48(c)所示为先用行切法，最后环切光整轮廓表面。三种方案中，图 2-48(a)所示方案最差，图 2-48(c)所示方案最好。环切法的刀位点计算稍复杂，需要一次一次向里收缩轮廓线，特别是当型腔中带有局部岛屿时更是如此。

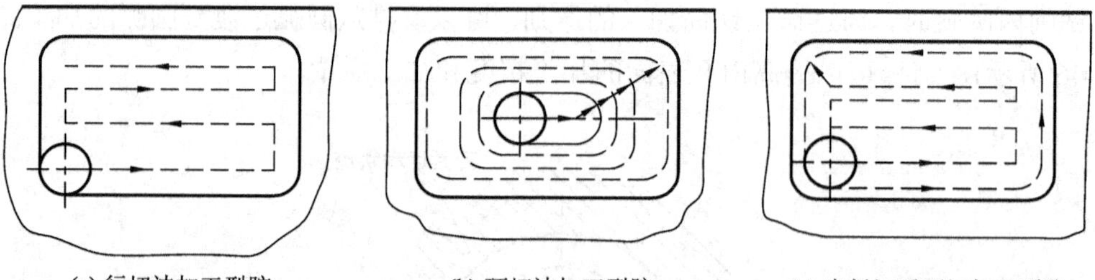

(a) 行切法加工型腔　　(b) 环切法加工型腔　　(c) 先行切后环切加工型腔

图 2-48　铣削方法

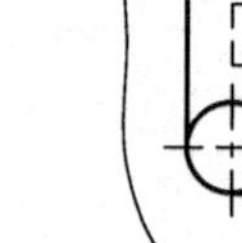

提示：

内轮廓铣削刀具半径必须小于型腔拐角半径。

引导训练

按照给定的程序和加工要求，完成图 2-49 所示零件的内轮廓加工。

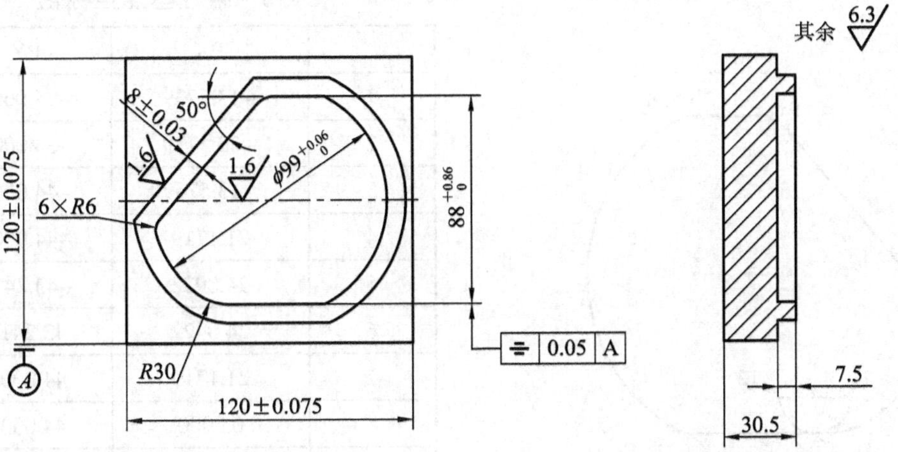

技术要求：
(1) 未注尺寸公差按GB/T1804-M。
(2) 加工完成后去毛刺。

图 2-49　零件的内轮廓结构

拟定加工方案见表 2-4。

表 2-4　加 工 方 案

南通数控铣床			加工数据表				
工序	加工内容	刀具	刀具类型	主轴转速	进给量	半径补偿	长度补偿
1	粗铣内轮廓	T01	ϕ10 立式铣刀	1200	500	D1	—
2	精铣内轮廓	T01	ϕ10 立式铣刀	1500	350	D1	—
3	去毛刺		锉刀		350	无	

设置刀路：

采用沿轮廓周边铣，并使用圆弧进退刀消除刀痕。粗、精加工共用一个程序，使用不同的刀具半径补偿值达到简化程序。刀具路径图如图 2-50 所示。

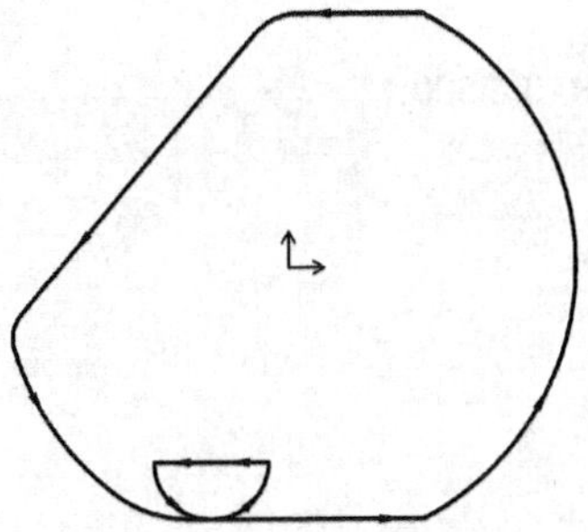

图 2-50　刀具路径图

列出基点坐标：

编程基点如图 2-51 所示。编程基点坐标值见表 2-5。

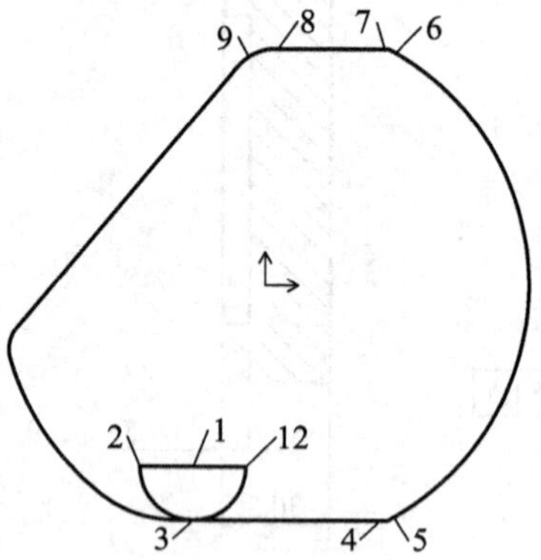

图 2-51　基点图

表 2-5　编程基点坐标值

	PX	PY
1	−13.5739	−34.0000
2	−23.5739	−34.0000
3	−13.5739	−44.0000
4	21.1719	−44.0000
5	24.0922	−43.2414
6	24.0922	43.2414
7	21.1719	44.0000
8	0.0000	44.0000
9	−4.5963	41.6567
10	−46.4446	−8.0162
11	−47.6205	−13.5106

程序如下：

```
%
O1200;
G40 G49 G80;
M03 S1200;
G90 G54 G00;
Z100;
X-13.574 Y-34;
Z2;
G01 Z-1 F200;
G41 X-23.574 Y-34.D1;
G17 G03 X-13.574 Y-44. R10. F500;
G01 X21.172;
G03 X24.092 Y-43.241 R6;
Y43.241 R49.5;
X21.172 Y44.R6;
G01 X0;
G03 X-4.596 Y41.857 R6;
```

```
G01 X-46.445 Y-8.016;
G03 X-47.621 Y-13.511 R6;
X-34.457 Y-35.538 R49.5;
X-13.574 Y-44. R30;
X-3.574 Y-34. R10;
G01 G40 X-13.574 Y-34;
G00 Z100;
M05;
M30;
```

问题:

(1) 铣削内轮廓时，应采用顺铣还是逆铣？说说各自的优点。

(2) 铣削内轮廓时，怎样选择进退刀方式？有何优点？

(3) 粗精加工时，如何利用刀具半径补偿简化程序？

✦✦✦✦✦ 课后习题 ✦✦✦✦✦

1. 根据图 2-52 所示的加工要求，拟定加工路线，合理选择刀具和切削参数，编写加工程序。

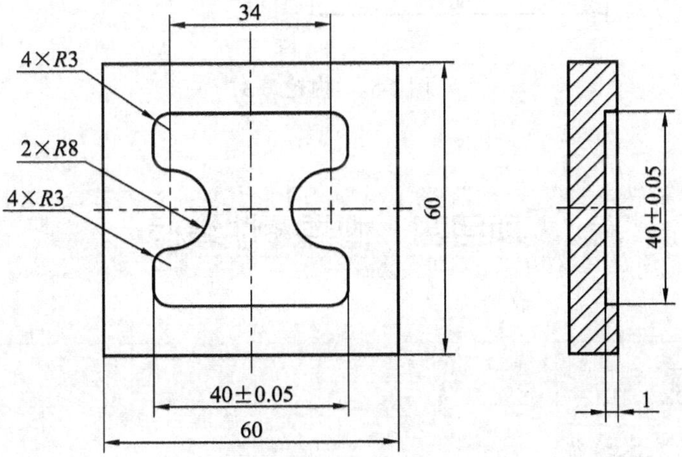

图 2-52　内轮廓 1

2. 根据图 2-53 所示的加工要求，拟定加工路线，合理选择刀具和切削参数，编写加工程序。

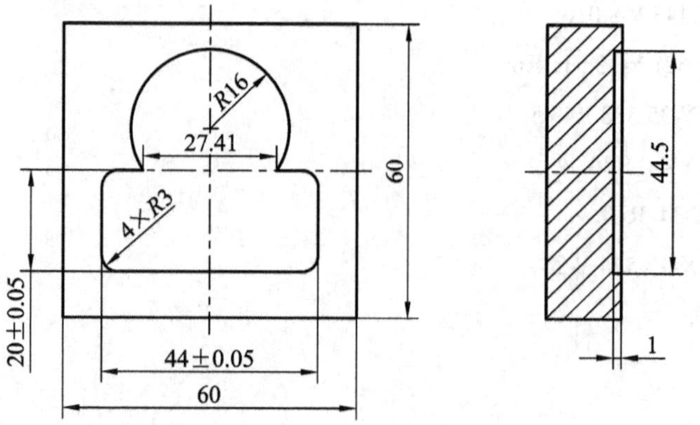

图 2-53　内轮廓 2

3. 根据图 2-54 所示的加工要求，制定加工方案，编写加工程序。

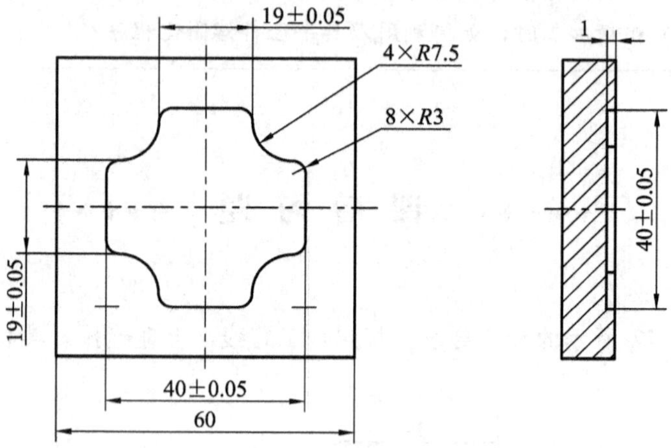

图 2-54　内轮廓 3

项目四　槽类零件编程

项目目标

(1) 了解槽的基本特征。

(2) 掌握各类槽的铣削方法。

(3) 掌握挖槽加工中的下刀方式。

(4) 能运用所学知识对槽类零件进行编程。

知识引导

1．槽类零件的特征

根据结构特点，槽类零件可以分为通槽、半封闭槽和封闭槽三种，如图 2-55 所示。槽类零件两侧面均有较高的表面粗糙度要求，以及较高的宽度尺寸精度要求。

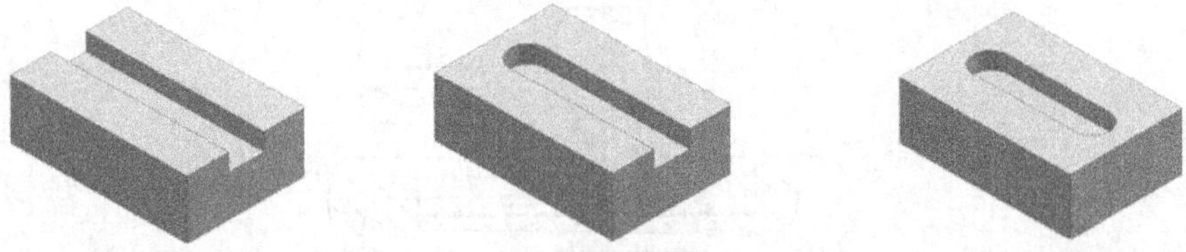

(a) 通槽　　(b) 半封闭槽　　(c) 封闭槽

图 2-55　槽类零件

2．槽类零件铣削刀具

立式数控铣床加工槽类零件常采用键槽铣刀。键槽铣刀按材料可以分为高速钢键槽铣刀和整体合金键槽铣刀两种，如图 2-56 所示。键槽铣刀一般有两个切削刃，圆柱面上和刀具底面都带有切削刃，底面刀刃延伸至刀具中心，可进行钻孔加工。

(a) 高速钢键槽铣刀　　(b) 整体合金键槽铣刀

图 2-56　键槽铣刀

键槽铣刀通常可以加工通键槽、半封闭键槽、封闭键槽和型腔类零件。根据刀具的特点可用作粗加工和精加工。

3．槽类零件的铣削路线

数控铣床上槽类零件的铣削一般可以采用行切法和分层铣削法。

(1) 行切法轨迹如图 2-57 所示，加工时，选择直径小于槽宽的刀具，先沿轴向进给至槽深，去除大部分余量，然后沿着槽的轮廓加工。

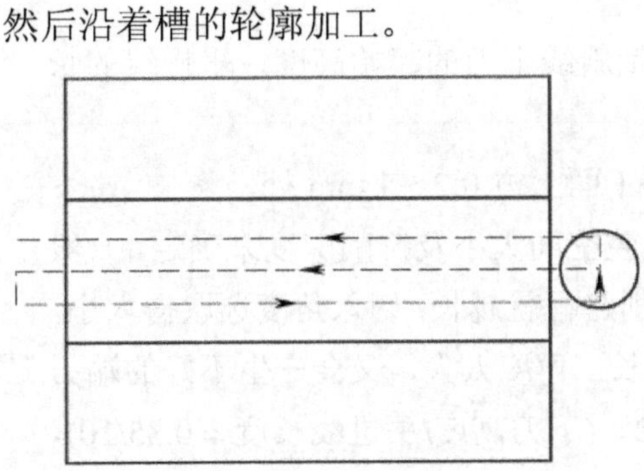

图 2-57　行切法轨迹

(2) 分层铣削法如图 2-58 所示，以较小的层深(每次铣削层的深度在 0.5 mm 左右)、较快的进给量往复进行铣削，直至到预定的深度。这种加工方法的特点是，需在键槽铣床上加工，铣刀用钝后只需磨端面刃(磨削不到 1 mm)，铣刀直径不受影响，在铣削时也不会产生让刀现象。

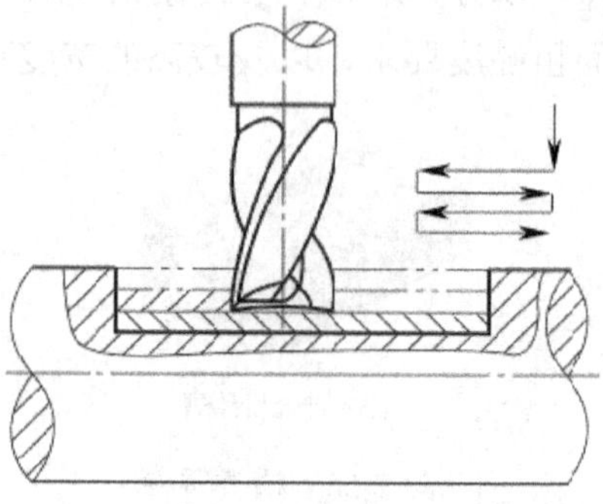
图 2-58　分层铣削法

4. 挖槽加工中的下刀方式

1) 垂直下刀

使用键槽铣刀直接垂直下刀并进行切削，有垂直吃刀的能力，但由于键槽铣刀只有两刃切削，加工时的平稳性也就较差，因而表面粗糙度较低；同时在同等切削条件下，键槽铣刀较立铣刀的每刃切削量大，因而刀刃的磨损也就较大，在大面积切削中的效率较低。所以采用键槽铣刀直接垂直下刀并进行切削，通常只用于小面积切削和被加工零件表面粗糙度要求不高的情况下。

2) 斜线下刀

大面积的型腔一般采用加工时具有较高的平稳性和较长的使用寿命的立铣刀来加工，但由于立铣刀的底切削刃没有到刀的中心，所以立铣刀在垂直进刀时没有较大切深的能力，因此一般采用斜线下刀进入工件进行切削。

(1) 斜线下刀几何形状和周期。斜线下刀形状先是斜进线再是平进线，如图 2-59 所示。斜线下刀一个周期由两个动作构成，即第一个动作是斜角进，第二个动作是平直回。

(2) 斜线下刀参数包括斜线下刀的起始高度、平进线的长度、切入角度和下降高度。

起始高度一般设在加工面上方 0.2～1 mm 处。

平进线的长度要视型腔空间大小及铣削深度来确定，一般是平进线越长，进刀的切削路程就越长；切入角度选取得太小，斜线数增多，切削路程加长；角度太大，又会产生不好的端刃切削的情况，一般是钢选 2°(下刀高度/平进线长度 = 0.35/10)，铝、铜选 5°(下刀高度/平进线长度 = 0.87/10)为宜。

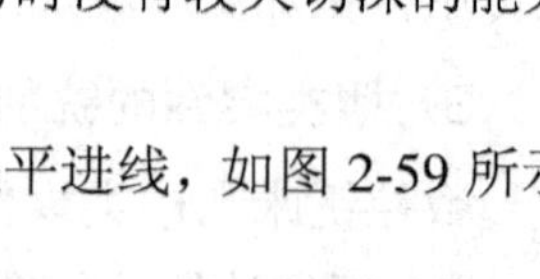

图 2-59　斜线下刀

3) 螺旋下刀

螺旋下刀方式是数控加工应用较为广泛的下刀方式，特别是模具制造行业中应用最为常见，刀片式合金模具铣刀可以进行高速切削，但和高速钢多刃立铣刀一样在垂直进刀时没有较大切深的能力，但可以以螺旋下刀的方式(如图 2-60 所示)，通过刀片的侧刃和底刃的切削，避开刀具中心无切削刃部分与工件的干涉，使刀具沿螺旋朝深度方向渐进从而达到进刀的目的，这样可以在切削的平稳性与切削效率之间取得一个较好的平衡点。

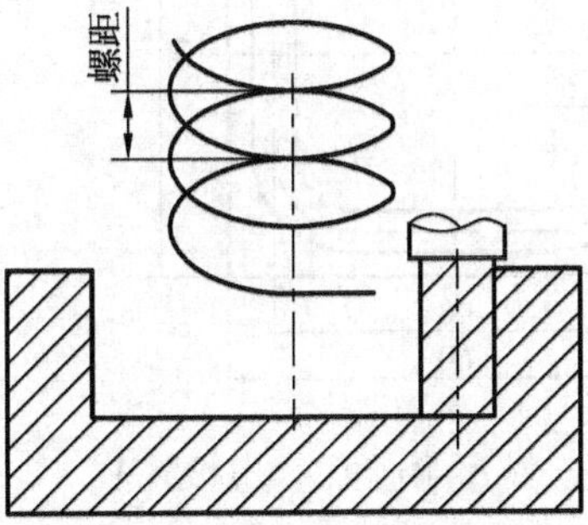

图 2-60　螺旋下刀图

(1) 螺旋下刀参数。螺旋下刀参数包括螺旋下刀的起始高度、刀轴螺旋半径、切入角度(螺旋升角)和每圈下降高度(螺距)。起始高度一般设在加工面上方高 1、2 个螺距处。

刀轴螺旋半径要视型腔空间大小及刀具容屑半径来确定，一般是刀轴螺旋半径越长，进刀的切削路程就越长；切入角度选取得太小，螺旋线圈数会增多，切削路程也会加长；切入角度选取得太大，又会产生不好的端刃切削的情况，一般是钢选 2°，铝、铜选 5° 为宜。

(2) 螺旋线插补。螺旋线插补是一边在工作平面内做圆周运动，一边在第三个坐标轴方向做匀速直线运动。

(3) 螺旋线插补格式。以 G17 平面为例(其他平面上的螺旋线插补功能在三轴联动立式铣床无法实现，故不介绍)。

格式：

$$\mathrm{G17}\begin{Bmatrix}\mathrm{G02}\\\mathrm{G03}\end{Bmatrix}\mathrm{X-Y-Z-}\begin{Bmatrix}\mathrm{I-J-}\\\mathrm{R-}\end{Bmatrix}\mathrm{F\_};$$

问题:

(1) 编写螺旋下刀程序或斜线下刀程序时采用相对坐标好，还是采用绝对坐标好？

(2) 比较螺旋下刀与斜线下刀程序，它们各自的难点在哪？

引导训练

结合相关知识的学习和讨论，完成图 2-61 所示的编程加工。

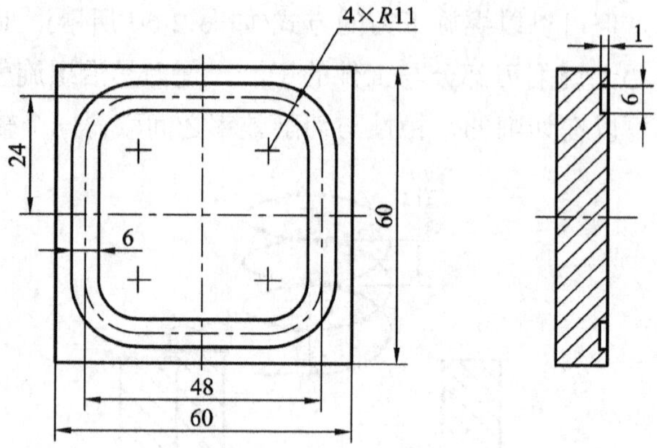

图 2-61 内轮廓 4

拟定加工方案见表 2-6。

表 2-6 加 工 方 案

南通数控铣床			加工数据表				
工序	加工内容	刀具	刀具类型	主轴转速	进给量	半径补偿	长度补偿
1	粗铣内轮廓	T01	ϕ6 键槽铣刀	800	50	—	—
2	精铣内轮廓	T01	ϕ6 键槽铣刀	1000	100	—	—
3	去毛刺		锉刀		350	—	—

参考程序如下：

```
O2301;
G90 G54 G40 G49 ;
M03 S800;
G00 X0 Y0;
Z50;
Y24;
Z10;
G01 Z-1 F50;
X-13;
G03 X-24 Y13 R11;
G01 Y-13;
G03 X-13 Y-24 R11;
G01 X13;
G03 X24 Y-13 R11;
G01 Y13;
```

G03 X13 Y24 R11；

G01 X0；

Z10；

G00 Z50；

M05；

M30；

✦✦✦✦✦　课 后 习 题　✦✦✦✦✦

1. 根据图 2-62 所示的加工要求，拟定加工路线，合理选择刀具和切削参数，编写加工程序。

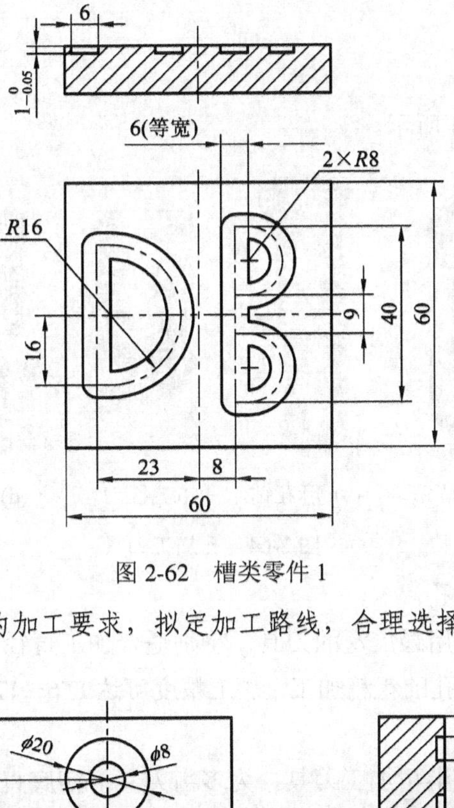

图 2-62　槽类零件 1

2. 根据图 2-63 所示的加工要求，拟定加工路线，合理选择刀具和切削参数，编写加工程序。

图 2-63　槽类零件 2

项目五　孔系零件编程

项目目标

(1) 能够根据加工图纸要求，合理选用孔加工刀具。

(2) 熟知钻孔循环的六步动作，并能填写孔加工指令格式中的参数。

(3) 能够根据加工图纸合理选用钻孔加工 G 指令，编写孔加工程序，完成通孔加工。

(4) 能够正确使用内径千分尺测量孔径。

知识引导

1. 孔加工刀具

孔加工刀具如图 2-64 所示。

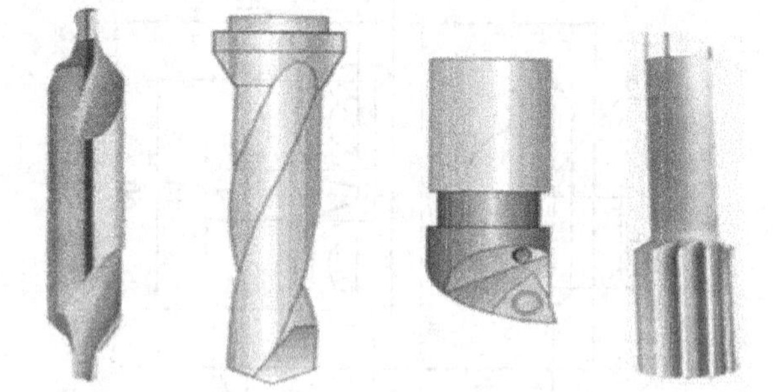

(a) 中心钻　(b) 麻花钻　(c) 镗刀　(d) 铰刀

图 2-64　孔加工刀具

中心钻：用来打定位孔。

麻花钻：孔加工中应用最广泛的刀具，特别适合加工直径 30 mm 以内的孔。

镗刀：用于较大直径孔的粗精加工，加工精度可达 IT6～IT8，表面粗糙度可达 $R_a6.3$～$R_a0.8$。

铰刀：孔的精加工和半精加工刀具，为多齿刀具，槽底直径大，导向性和刚性好，加工余量小，制造精度高，结构完善，加工精度可达 IT6～IT8，表面粗糙度可达 $R_a6.3$～$R_a0.2$，加工范围一般为中小孔。

问题：

(1) 孔加工的刀具有哪些？孔加工的方法有哪些？怎样选用？

(2) 用立铣刀可以加工孔吗？

2．孔加工固定循环功能概述

1) 固定循环的动作组成

为了提高编程工作效率，FANUC-0 MC 系统对于一些典型加工中几个固定、连续的动作规定可选用固定循环指令。本系统常用的固定循环指令能完成的工作有镗孔、钻孔和攻螺纹等。孔加工固定循环指令有 G73、G74、G76、G80～G89，通常由下述 6 个动作构成，如图 2-65 所示。图中实线表示切削进给，虚线表示快速进给。

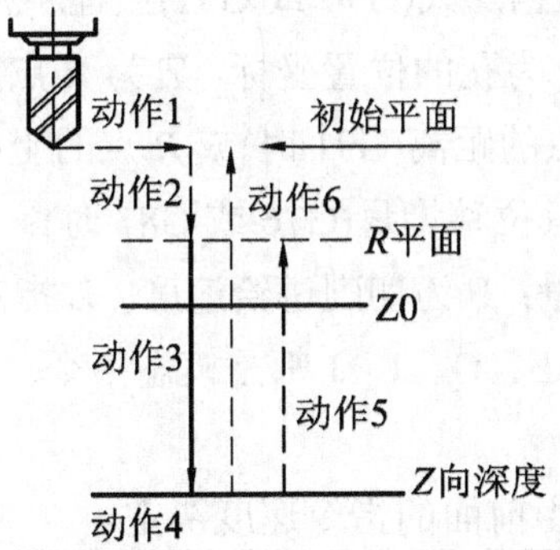

图 2-65 孔加工固定循环

动作 1：*X*、*Y* 轴定位。

动作 2：快速运动到 *R* 点(参考点)。

动作 3：孔加工。

动作 4：在孔底的动作。

动作 5：退回到 *R* 点(参考点)。

动作 6：快速返回到初始点。

固定循环的程序格式包括数据表达形式、返回点平面、孔加工方式、孔位置数据、孔加工数据和循环次数。其中数据表达形式可以用绝对坐标 G90 和增量坐标 G91 表示。如图 2-66 所示，其中图(a)是采用 G90 的表达形式，图(b) 是采用 G91 的表达形式。

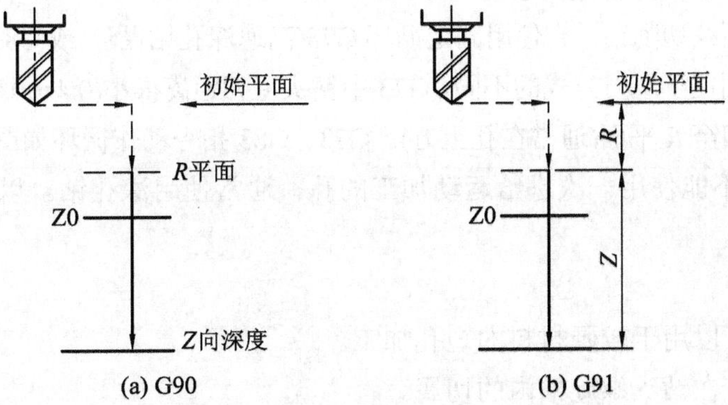

图 2-66 固定循环中绝对和增量输入值

2) 固定循环的程序格式

格式：

G98/G99 G73(或 G74 或 G76 或 G80～G89)X_ Y_ Z_ R_ Q_ P_ I_ J_ F_ L_；

其中：第一个 G 指令(G98 或 G99)指定返回点平面，G98 为返回初始平面，G99 为返回 *R* 点平面；第二个 G 指令为孔加工方式，即固定循环指令 G73、G74、G76 和 G81～G89 中的任一个。固定循环的数据表达形式可以用绝对坐标(G90)和相对坐标(G91)表示，分别如图 2-66(a)和图 2-66(b)所示。数据形式(G90 或 G91)在程序开始时就已指定，因此在固定循环程序格式中可不写出。X、Y 为孔的位置坐标，Z 为 *R* 点到孔底的距离(G91 时)或孔底坐标(G90 时)；R 为初始点到 *R* 点的距离(G91 时)或 *R* 点的坐标值(G90 时)；Q 指定每次进给深度(G73 或 G83 时)或指定刀具位移增量(G76 或 G87 时)；P 指定刀具在孔底的暂停时间；I、J 指定刀尖向反方向的移动量；F 为切削进给速度；L 指定固定循环的次数。G73、G74、G76 和 G81～G89、Z、R、P、F、Q、I、J 都是模态指令。G80、G01～G03 等指令可以取消固定循环。

在固定循环中，定位速度由前面的指令速度决定。

问题:

(1) 钻孔循环动作由哪六步组成？

(2) 什么是 *R* 平面？孔循环加工时怎样实现自动返回 *R* 平面？

(3) 孔加工时切削三要素怎么确定？

(4) 钻孔循环指令格式中 G98、G99 指令有何作用？

3. 固定循环

1) 深孔钻加工循环指令(G73和G83)

格式：

G73 X_ Y_ Z_ R_ Q_ F_；

G83 X_ Y_ Z_ R_ Q_ F_；

深孔钻也称断续切削钻，它使用固定循环 G73(高速深孔钻循环)或 G83(标准深孔钻循环)。这两个循环的区别在于退刀方式的不同，G73 中钻头退刀距离很小(0.4～0.8 mm)，而 G83 中钻头每次进给后退刀至 *R* 平面(通常在孔上方)。G73、G83 指令动作循环如图 2-67 所示。

对于太深而不能使用一次进给运动加工的孔，通常使用深孔钻。以下是深孔钻方法在孔加工中的应用：

(1) 深孔钻削。

(2) 断屑也可以用于较硬材料的短孔加工。

(3) 清除堆积在钻头螺旋槽内的切屑。

(4) 钻头切削刃的冷却和润滑。

(5) 控制钻头穿透材料。

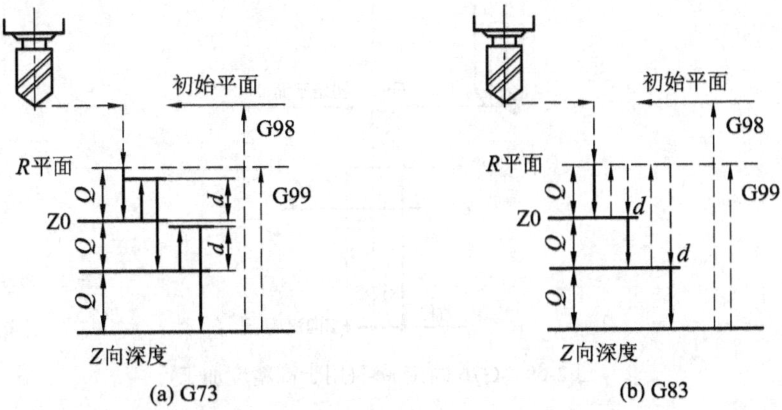

图 2-67　深孔钻加工循环

2) 钻削循环指令(G81)

格式：G81 X_ Y_ Z_ R_ F_；

钻孔循环指令 G81 为主轴正转，刀具以进给速度向下运动钻孔，到达孔底位置后，快速退回(无孔底动作)。这是一种常用的钻孔加工方式。G81 指令的循环动作如图 2-68 所示。

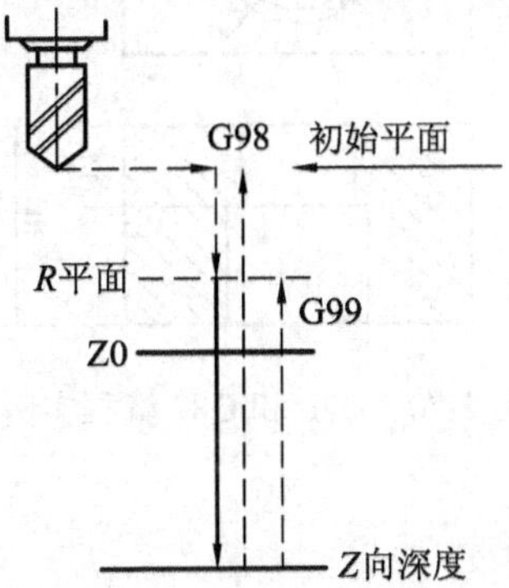

图 2-68　G81 固定循环(通常用于钻孔)

3) 带停顿的钻孔循环指令(G82)

格式：G82 X_ Y_ Z_ R_ F_ P_；

该指令除了要在孔底暂停外，其他动作与 G81 相同。暂停时间由地址 P 给出，此指令主要用于加工盲孔和沉头孔，可使孔的表面更光滑。

4) 精镗循环指令(G76)

格式：G76 X_ Y_ Z_ R_ F_ P_ Q_；

G76 指令的循环动作如图 2-69 所示。精镗时，主轴在孔底定向停止后，向刀尖反方向移动，然后快速退刀，退刀位置由 G98 和 G99 决定。这种带有让刀的退刀不会划伤已加工的平面，保证了镗孔精度。刀尖反向位移量由地址 Q 指定，其值只能为正值。Q 值是模态的，位移方向由 MDI 设定。

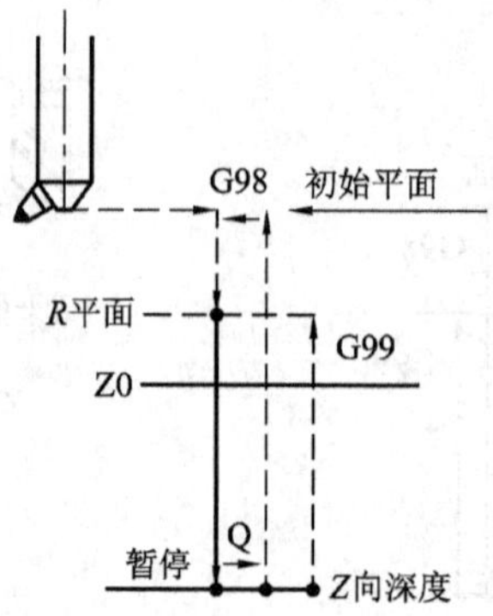

图 2-69　G76 固定循环(用于高精度加工)

G76 应用实例如图 2-70 所示，孔直径为ϕ25 mm。图中只需考虑ϕ25 mm 的孔，输入程序很简单：N.. G99 G76 X0 Y0 R2.0 Z-31.0 Q0.3 F125.0；使用 G76 循环加工可以得到较高质量的孔。

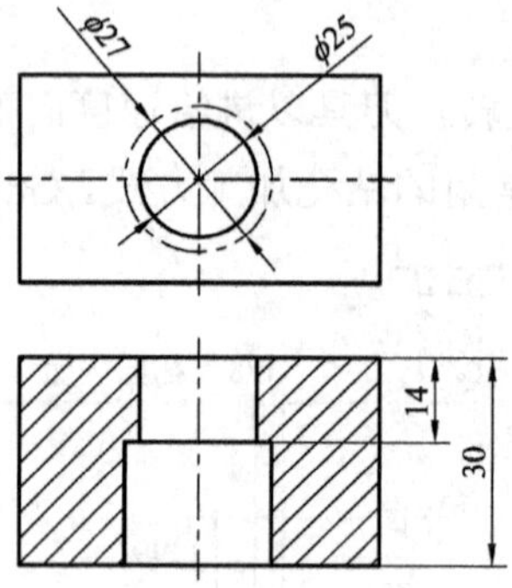

图 2-70　G76 和 G87 编程实例图

5) 镗孔循环指令(G85)

格式：G85 X_ Y_ Z_ R_ F_;

镗孔加工循环指令 G85 如图 2-71 所示，主轴正转，刀具以进给速度向下运动镗孔，到达孔底位置后，立即以进给速度退出(没有孔底动作)。

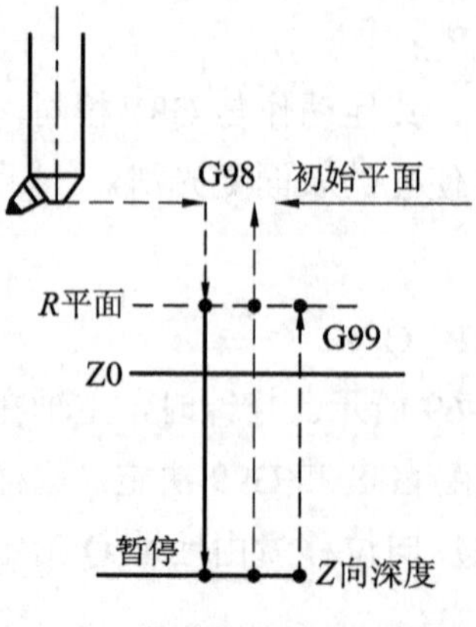

图 2-71　G85 固定循环(通常用于镗孔和铰孔)

镗削循环指令 G85 通常用于镗孔和铰孔，它主要用在以下场合，即刀具运动进入和退出孔时，可以改善孔的表面质量、尺寸公差和(或)同轴度、圆度等。使用 G85 循环进行镗削时，镗刀返回过程中可能会切除少量材料，这是因为退刀过程中刀具压力会减小。如果无法改善表面质量，应该换用其他循环。

6) 镗孔循环指令(G86)

格式：G86 X_ Y_ Z_ R_ F_;

G86 与 G85 的区别是：G86 在到达孔底位置后，主轴停止转动，并快速退出。

7) 镗孔循环指令(G89)

格式：G89 X_ Y_ Z_ R_ F_ P_;

镗削操作中，进入和退出孔时都需要使用进给率，且在孔底指定暂停时间。暂停值是唯一能区分 G89 循环和 G85 循环的地方。

8) 背镗循环指令(G87)

格式：G87 X_ Y_ Z_ R_ Q_(I_ J_) F_;

尽管背镗循环有一定的应用，但并不常见，该循环的工作方向与其他循环相反，即从工件背面开始加工。通常背镗操作从孔底部开始加工，镗削操作沿 Z 轴向上(Z 正方向)进行。图 2-70 中还有一个 ϕ27 mm 的孔，它也将在同一安装中加工。因为它在“工件背面”，所以它使用 G87 循环进行背镗加工。

注意：通常在 G98 模式下编写 G87，千万不能在 G99 模式下。背镗循环如图 2-72 所示。

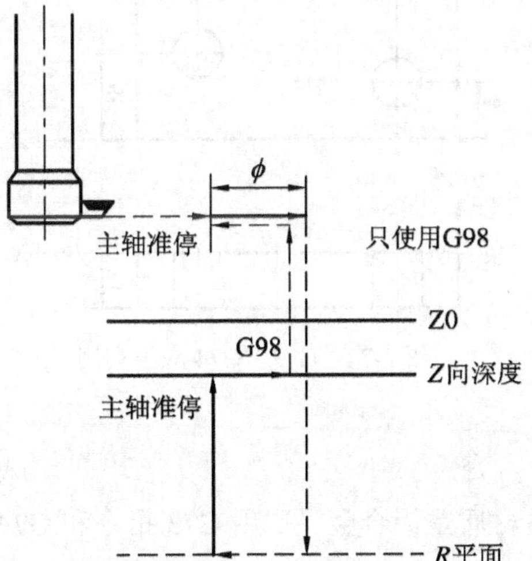

图 2-72　G87 固定循环(只用于背镗)

9) 攻左螺纹循环指令(G74)

格式：G74　X__ Y__ Z__ R__ F__;

该指令用于攻左旋螺纹，故需先使主轴反转，再执行 G74 指令，则左螺旋丝锥先快速定位至 X、Y 所指定的坐标位置，再快速定位到 R 点，接着以 F 所指定的进给速率攻螺纹至 Z 所指定的孔底位置后，主轴转换为正转且同时向 Z 轴正方向退回至 R 点，退至 R 点后主轴恢复原来的反转。攻左螺纹循环如图 2-73 所示。

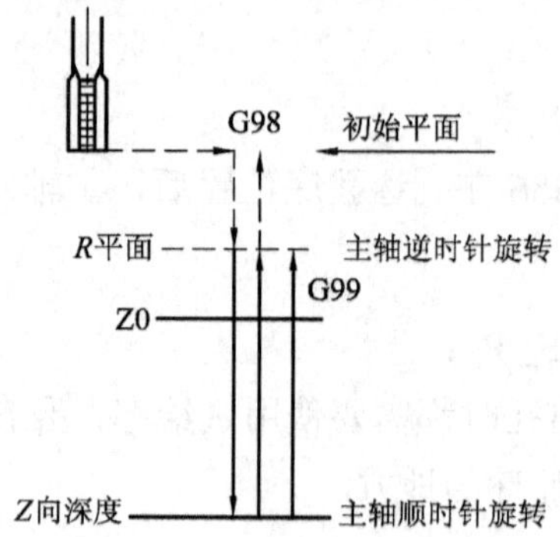

图 2-73　G74 固定循环(只用于左旋攻丝)

攻螺纹的进给速率计算公式为

$$F(\text{mm/ min}) = \text{导程}(\text{mm/r}) \times \text{主轴转速}(\text{r/min})$$

如图 2-74 所示的工件，利用 G73 钻孔后，再使用 G74 攻 LM8 × 1.25 螺纹，钻孔转速为 800 r/min，进给速率为 60 mm/min，攻螺纹转速为 100 r/min，则攻螺纹的进给速率 = 1.25 × 100 = 125 mm/min。

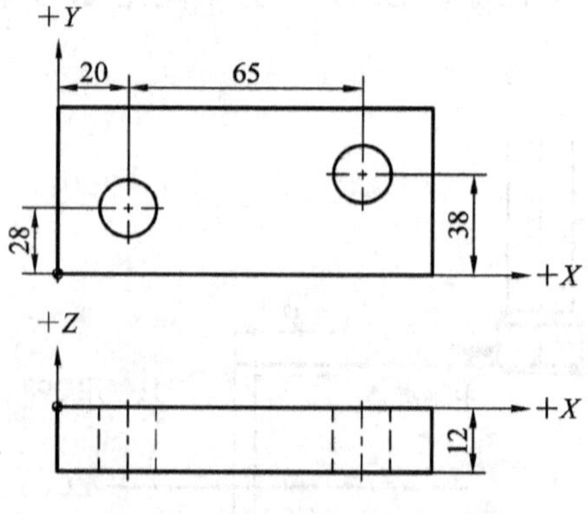

图 2-74　G73、G74 应用实例

引导训练

如图 2-74 所示的工件材质是铝合金，试用 G73 指令和 G74 指令编程。

程序如下：

```
O0074;
G40 G80 G49;
G28 G91 Z0;
G28 X0 Y0;
```

```
G54;
M06 T01;                          //换 1 号刀φ6.8 钻头
M03 S800;
G90 G00 X0 Y0;
G43 Z10. G01;                     //启动刀具长度补偿，并快速定位至工件表面上方 10 mm 处
                                  (起始点高度)
G99 G73 X20. Y28. R3. Z-15. Q3.0 F60;
//R 点在工件表面上方 3 mm 处，钻孔深度为 15 mm，间歇进给深度为 3 mm
X85. Y38.;                        //继续执行 G73 指令
G80;                              //取消自动切削循环
G28 G91 Z0;
M05 G49;
M06 T02;                          //换 2 号刀，LM8×1.25 丝锥
M04 S100;                         //主转反转 100 r/min
G90 G43 G00 Z10. H02;             //快速定位至起始点，工件表面上方 10 mm 处
G98 G74 X85. Y38. R3. Z-15. F125; //攻螺纹
X20. Y28.;                        //继续执行 G74 指令
G80 G49;                          //取消自动切削循环状态及刀具长度补偿
G28 G91 Z0;
M30;
```

10) *攻右螺纹循环指令*(G84)

格式：G84 X__ Y__ Z__ R__F__;

该指令用于攻右旋螺纹，故需先使主轴正转，再执行 G84 指令，则右螺旋丝锥先快速定位至 *X*、*Y* 所指定的坐标位置，再快速定位到 *R* 点，接着以 *F* 所指定的进给速率攻螺纹至 *Z* 所指定的孔底位置后，主轴转换为反转且同时向 *Z* 轴正方向退回至 *R* 点，退至 *R* 点后主轴恢复原来的正转。攻右螺纹循环如图 2-75 所示。

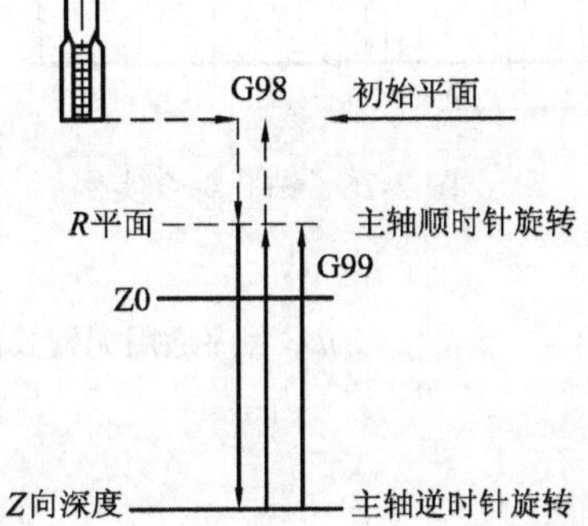

图 2-75　G84 固定循环(只用于右旋攻丝)

攻螺纹的进给速率计算公式为

$$F(\text{mm/min}) = 导程(\text{mm/r}) \times 主轴转速(\text{r/min})$$

在 G74、G84 攻螺纹循环指令执行中，进给速率调整钮无效，即使按下进给暂停键，循环在回复动作结束之前也不会停止。

钻孔综合实例如图 2-76 所示，铝合金工件，利用 G81、G83 钻孔，G82 钻沉孔，G76 镗孔，G84 攻右螺纹。刀具加工方案见表 2-7。

表 2-7　刀具加工方案

南通数控铣床			加工数据表				
工序	加工内容	刀具	刀具类型	主轴转速	进给量	半径补偿	长度补偿
1	点孔加工	T01	φ3 中心钻头	2000	200	—	H01
2	钻底孔	T02	φ5 钻头	1800	150	—	H02
3	扩孔	T03	φ29 钻头	500	120	—	H03
4	铣沉孔	T04	M5 沉头铣刀	800	100	—	H04
5	攻丝	T05	M6×1 丝锥	100	100	—	H05
6	镗孔	T06	可调式镗孔刀	1800	100	—	H06

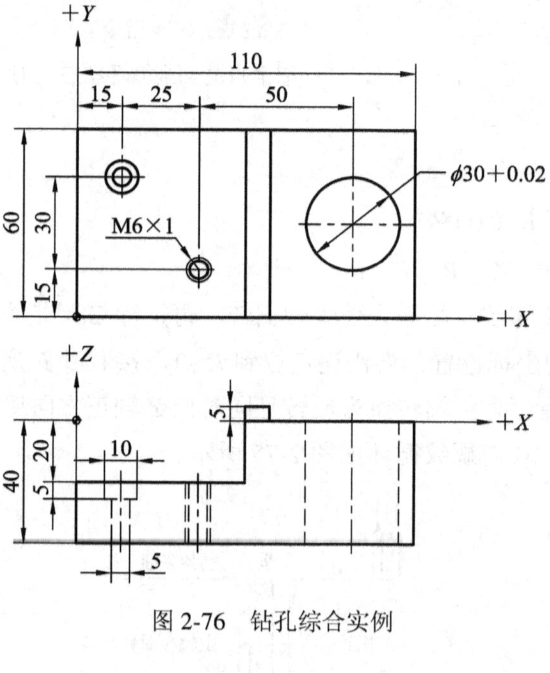

图 2-76　钻孔综合实例

程序如下：

```
O1717;                    //本程序适用无臂式的 ATC
G28 G91 Z0;
G28 X0 Y0;
G54 M6 T01;
```

```
M3 S2000;
G90 G0 X0 Y0;
G43 Z10. H01;                                  //起始点高度 Z10
G99 G81 X15. Y45. R-15. Z-26. F200;            //G81 钻孔循环，G99 退回至 R 点
G98 X40. Y15.;                                 //G98 退回至起始点
X90. Y30. R5. Z-6.;                            G98 退回至起始点
G80 M05;
G28 G91 Z0;
M06 T02;
M03 S1800;
G43 G90 G0 Z10. H02;
G99 G81 X15. Y45. R -15. Z -45. F150;          //G99 退回至 R 点
G98 X40. Y15.;                                 //G98 退回至起始点
G83 X90. Y30. R5. Z -45. Q15.;                 //G83 标准深孔钻，退回至起始点
G80 M05;
G28 G91 Z0;
M06 T03;
M03 S500;
G43 G90 G0 Z10. H03;
G98 G83 X90. Y30. R5. Z -45. Q15. F120;
G80 M05;
G28 G91 Z0;
M06 T04;
M03 S800;
G43 G90 G0 Z10. H04;
G98 G82 X15. Y45. R -15. Z -25. P500 F100;     //G82 钻沉孔，G98 退回至起始点
G80 M05;
G28 G91 Z0;
M6 T05;
M03 S100;
G43 G90 G0 Z10. H05;
G98 G84 X40. Y15. R -15. Z -45. F100;          //G84 攻右螺纹，G98 退回至起始点
G80 M05;
G28 G91 Z0;
M06 T06;
```

```
M03 S1800；
G43 G90 G0 Z10. H06；
G76 X90. Y30. R5. Z -45. Q1000 F100；          //G76 精镗孔
G80 M05；
G0 Z200.；
M30；
```

11) 螺纹加工指令(G33)

小直径的内螺纹大都用螺丝攻配合攻螺纹指令 G74 和 G84(参考固定循环指令)加工。大孔径螺纹因刀具成本太高，故使用可调式的镗孔刀配合 G33 指令加工，可节省成本。

格式：G33 Z__F__；

说明：Z 为螺纹切削的终点坐标值(绝对值)或切削螺纹的长度(增量值)，F 为螺纹的导程。

【例 2-3】 如图 2-77 所示，孔径已加工完成，使用可调式的镗孔刀配合 G33 指令切削 M60×1.5 的内螺纹。

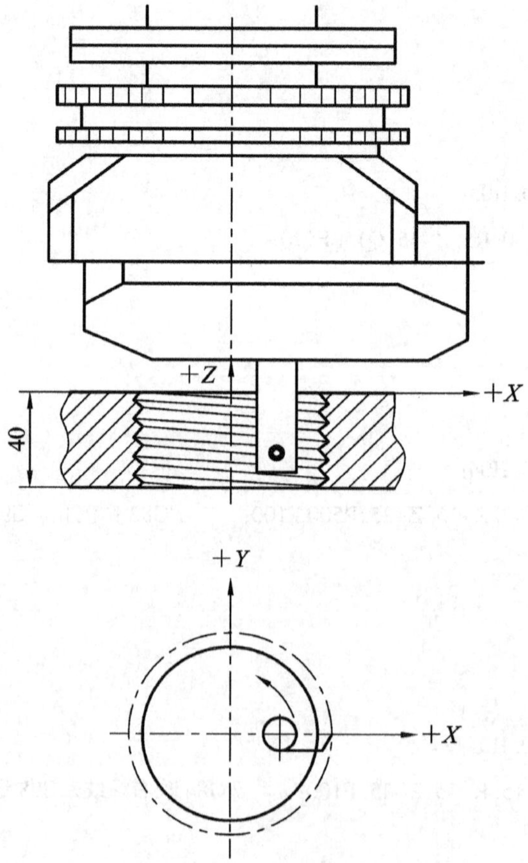

图 2-77　螺纹加工例图

程序如下：

```
O0033；
N01 G28 G91 G00 Z0；
N02 G54；
N03 M03 S400；
N04 G00 G90 X0 Y0；
N05 G43 Z10. H01；  //引入刀具长度补偿，使刀具定位至工件上方 10 mm 处，准备切削螺纹
N06 G33 Z-45. F1.5；//第一次切削螺纹
N07 M19；           //主轴定向停止
N08 G00 X-5.；      //主轴中心偏移，防止提升刀具时碰撞工件
N09 Z10.；          //提升刀具
N10 X0 M00；        //刀具移至孔中心后，程序停止。调整镗孔刀的螺纹切削深度
N11 M03；           //使主轴正转
N12 G04 X2.；       //暂停 2s，使主轴转速达到 400 r/min 稳定
N13 G33 Z-45. F1.5；//第二次切削螺纹
N14 M19；
N15 G00 X-5.；
N16 Z10.；
N17 X0 M00；
N18 M03；
N19 G04 X2.；
N20 G33 Z-45. F1.5；//第三次切削螺纹
N21 M19；
N22 G00 X-5.；
N23 Z10.
N24 G28 G91 Z0；
N25 M30；
```

问题：

(1) G81、G83 都为钻孔循环指令，钻孔时两者之间的区别是什么？

(2) 钻孔过程中，暂停的作用是什么？

(3) G80 指令是初态指令吗？它与孔加工指令 G81、G82 的关系是什么？

(4) 孔加工的方法有哪些？怎样选用？

(5) 钻孔循环动作由哪六步组成？

✦✦✦✦✦ 课 后 习 题 ✦✦✦✦✦

1. 试用循环指令 G83 编制如图 2-78 所示零件的加工程序。

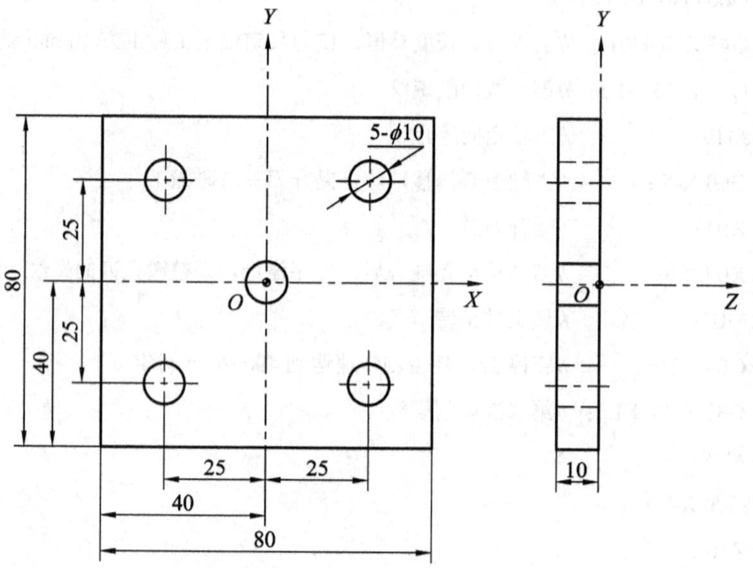

图 2-78　孔系零件 1

2. 编制如图 2-79 所示零件的加工程序。

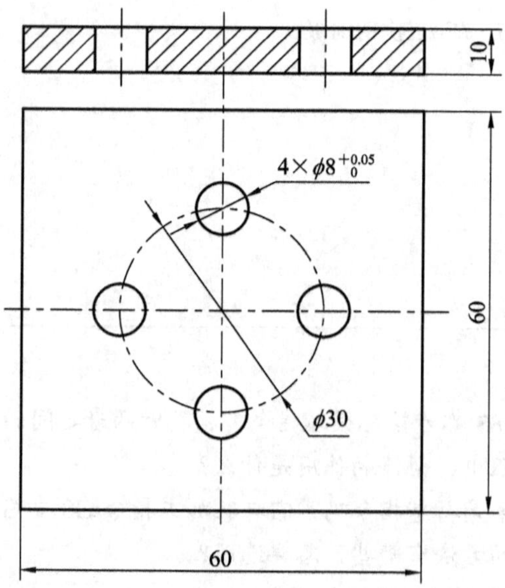

图 2-79　孔系零件 2

模块三　组合零件编程

组合训练一　内外轮廓类零件编程

项目目标

(1) 进一步认识刀具半径补偿功能，并认识刀具半径补偿的优点。

(2) 掌握应用刀具半径补偿时的条件。

(3) 能够在铣削编程中使用刀具半径补偿。

项目训练

完成图 3-1 所示零件的编程与加工。

主要训练指令：　G00、G01、G03、G02、G41、G42、G40、G49 等组合应用

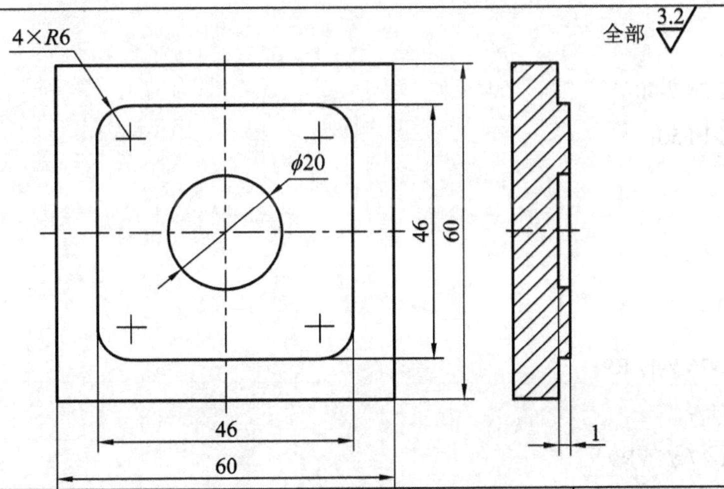

内、外轮廓加工	比例	数量	材料	图号：3-1
	1：1	1	45 钢	
姓名		日期	衡阳技师学院	
评分				

图 3-1　零件 1

引导训练

1．工件准备

(1) 刀具：ϕ6 mm 立铣刀一把。

(2) 材料：60 mm × 60 mm × 30 mm 铝板一块(上一任务所剩材料)。

(3) 量具：游标卡尺一把。

(4) 工具：平口钳扳手和铣夹头扳手各一套。

2．参考程序

参考程序如下：

```
O3301；
G90 G54；
M03 S800；
G00 X0 Y0；
Z5；
G01 Z-1 F50；
X2.5 F150；
G02 X2.5 I-2.5；
G01 X7；
G02 X7 I-7；
G01 X0；
Z5；
G00 X-28 Y-40；
G01 Z-1 F50；
Y28；
X28；
Y-28；
X-17；
G02 X-26 Y-17 R9；
G01 Y17；
G02 X-17 Y26 R9；
G01 X17；
G02 X26 Y17 R9；
G01 Y-17；
G02 X17 Y26；
G01 X-35；
```

Z5；

G00 Z50；

M05；

M30；

✦✦✦✦✦ 课后习题 ✦✦✦✦✦

根据图 3-2 所示零件的尺寸要求，制定加工方案，编写加工程序。

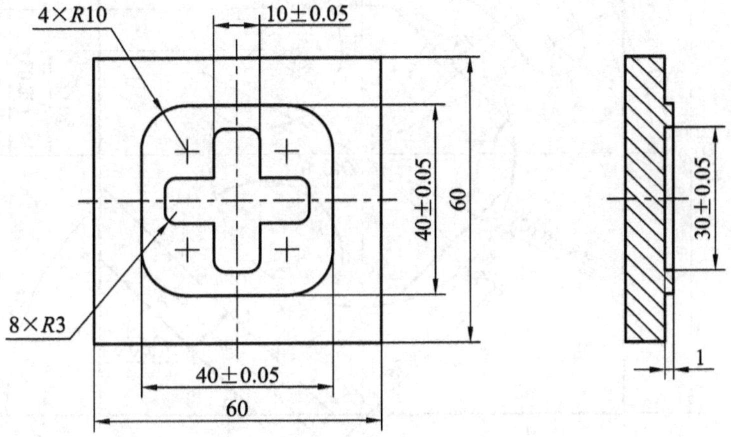

图 3-2　零件 2

组合训练二　平面、轮廓、槽加工

项目目标

(1) 了解平面、轮廓、槽加工的方法。

(2) 熟悉平面、轮廓、槽加工常用编程指令及方法。

项目训练

完成图 3-3 所示零件的编程与加工。

主要训练指令： G00、G01、G03、G02、G41、G42、G40、G49 等组合应用

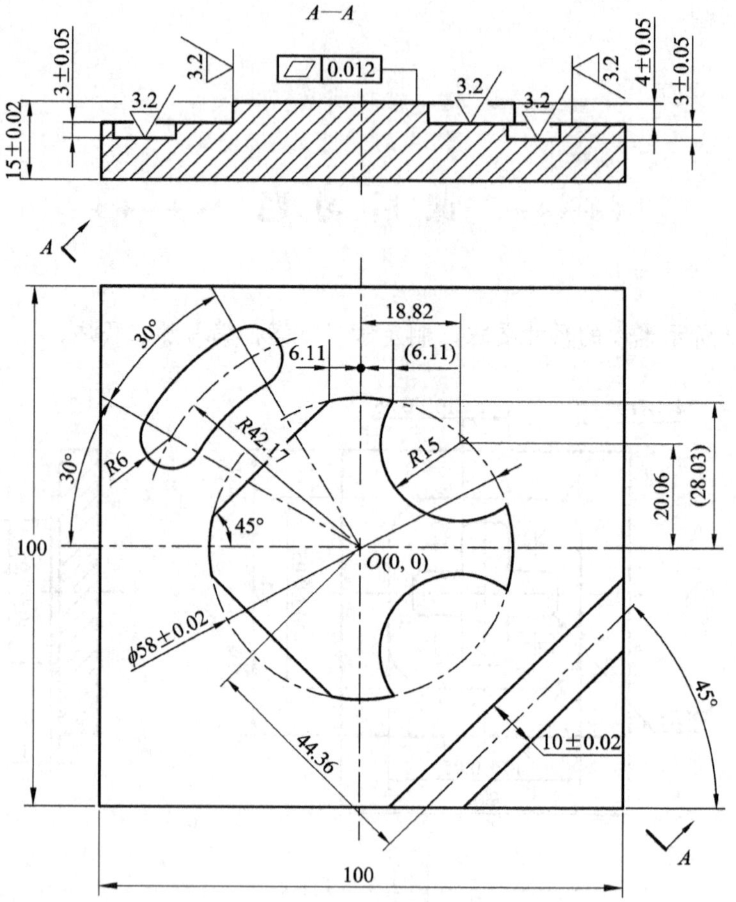

平面、轮廓、槽加工	比例	数量	材料	图号：3-3
	1：1	1	45 钢	
姓名		日期		衡阳技师学院
评分				

图 3-3　零件 3

引导训练

1．工艺分析

1) 零件几何特点

该零件由平面、轮廓、槽组成，其几何形状为平面二维图形，零件的外轮廓为方形，型腔尺寸精度为未注公差取公差中等级 ±0.1，表面粗糙度为 3.2 μm，需采用粗、精加工，注意位置度要求。

2) 加工工序

毛坯为 100 mm × 100 mm × 20 mm 板材，工件材料为 45 钢，外形已加工，根据零件图样要求其加工工序如下：

(1) 铣外轮廓时，刀具沿零件轮廓切向切入，切向切入可以是直线切向切入，也可以是圆弧切向切入；在铣削凹槽一类的封闭轮廓时，其切入和切出不允许有外延，铣刀要沿零件轮廓的法线切入和切出。

(2) 确定切削用量。刀具直径 16 (铣外形)圆弧槽的铣削采用刀具直径为 8 的平铣刀，刀具直径为 8 mm 立铣刀(斜槽加工)。

(3) 各工序刀具及切削参数选择。各工序刀具及切削参数选择见表 3-1。

表 3-1 各工序刀具切削参数选择

序号	加工面	刀具号	刀具规格		主轴转速	进给速度
			类型	材料	n/(r · min^{-1})	V/(mm · min^{-1})
1	粗加工外形	T01	ϕ16 三刃立铣刀	高速钢	550	120
2	精加工外形	T01	ϕ16 三刃立铣刀		800	100
3	粗加工斜槽	T02	ϕ8 三刃立铣刀		550	120
4	精加工斜槽	T02	ϕ8 三刃立铣刀		800	100

2. 加工过程

加工过程见表 3-2。

(1) 确定工件坐标系和对刀点。

(2) 在 XOY 平面内确定以 O 点为工件原点，Z 方向以工件上表面为原点，建立工件坐标系。

表 3-2 加 工 过 程

序号	工 步	工 步 图	说 明
1	建立工件坐标系	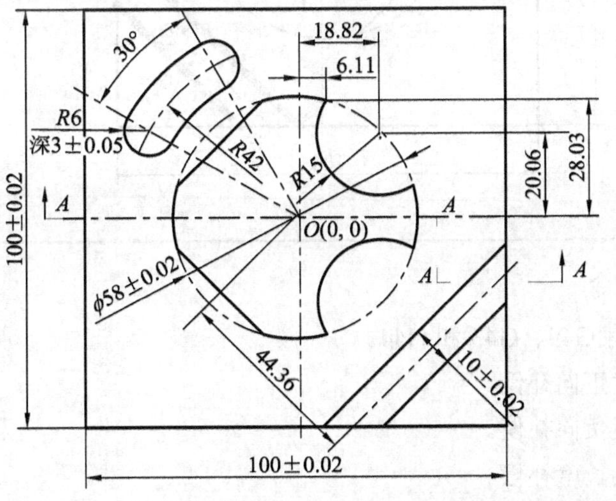	以对称中心 O 为 X、Y 轴坐标原点

续表

序号	工　步	工　步　图	说　明
2	粗加工外形 精加工外形	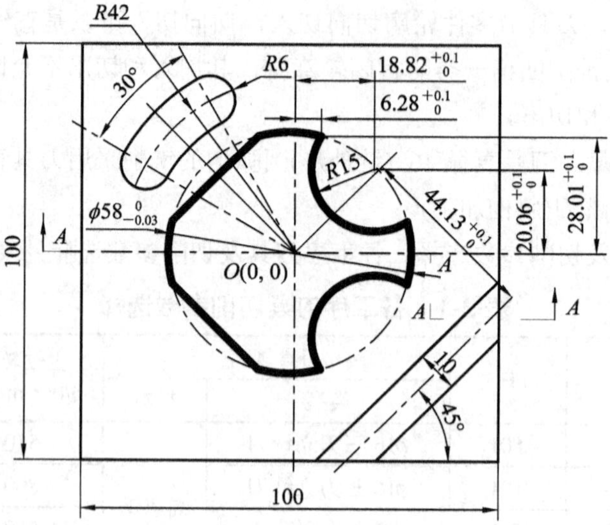	用 G01、G02、G03 ϕ16 三刃立铣刀
3	粗加工斜槽 精加工斜槽	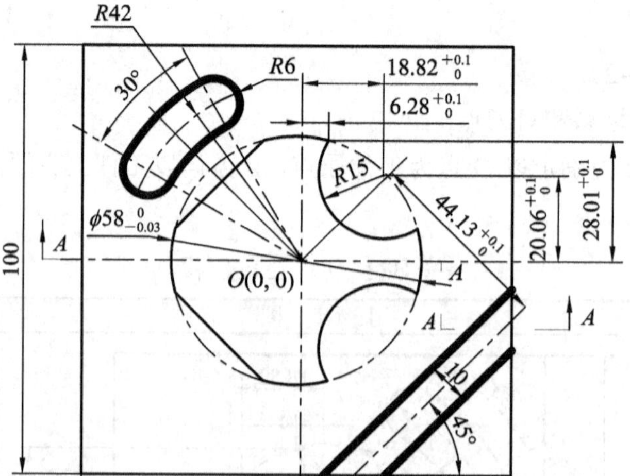	用 G01、G02、G03 ϕ8 三刃立铣刀

3. 主要训练指令

主要训练指令有 G49、G43 和 G44。

G43：刀具长度正向补偿。

G44：刀具长度负向补偿。

G49：取消刀具长度补偿。

1) 刀具长度补偿的目的

使用刀具长度补偿功能，可以在当实际使用刀具与编程时估计的刀具长度有出入时，或刀具磨损后刀具长度变短时，不需重新改动程序或重新进行对刀调整，仅只需改变刀具数据库中刀具长度补偿量即可。利用该功能，还可在加工深度方向上进行分层铣削，即通过改变刀具长度补偿值的大小，通过多次运行程序而实现。

2) 刀具长度补偿G49、G43和G44格式

格式：

$$\begin{Bmatrix} G43 \\ G44 \end{Bmatrix} \begin{Bmatrix} G00 \\ G01 \end{Bmatrix} Z\_\ \ H\_;$$

$$G49 \begin{Bmatrix} G00 \\ G01 \end{Bmatrix} Z\_;$$

说明：

(1) Z 为指令终点位置，H 为刀补号地址，并用 H00～H99 来指定，它用来调用内存中刀具长度补偿的数值。

(2) G43、G44、G49 均为模态指令，可相互注销。

(3) 执行 G43 时，Z 实际值 = Z 指令值 + (Hxx)。

执行 G44 时，Z 实际值 = Z 指令值 – (Hxx)。

其中，(Hxx)是指 xx 寄存器中的补偿量，其值可以是正值或者是负值。当刀长补偿量取负值时，G43 和 G44 的功效将互换。

3) 示意图

示意图如图 3-4 所示。

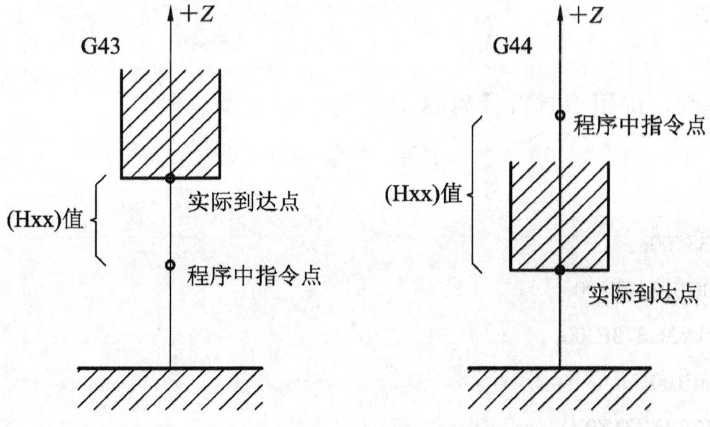

图 3-4　示意图

4. 参考程序

平面轮廓加工程序如下：
选用刀具直径为ϕ16 立铣刀(铣外形)。

```
%
O1000;
N10M03S400G90G40G49;
N20G01Z30F100;
N30X70Y0F300;
N40Z-4F100;
N50G42D01X29F100;
N60G03X29Y0I-29J0;
N90G01X70Y0;
N100X27.326Y9.709;
N110G02X5.278Y28.516R15;
N120G03X-10.763Y26.929;
N130G01X-26.929Y10.763;
N140G03X-26.929Y-10.763R29;
N150G01X-10.763Y-26.929;
N160G03X5.278Y-28.516R29;
N170G02X27.326Y-9.709R15;
N180G03Y9.709R29;
N190G01Z30;
N200M05;
N210M30;
%
```

圆弧槽的铣削，选用刀具直径为ϕ8 立铣刀。

```
%
O2000;
N10M03S500;
N20G90G01Z30F100;
N30X-21Y36.373F300;
N40Z0.5F100;
N50X-36.373Y21Z0;
N60X-21Y36.373Z-0.5;
N70X-36.373Y21Z-1;
```

```
N80X-21Y36.373Z-1.5;
N90X-36.373Y21Z-2;
N100X-21Y36.373Z-2.5;
N110X-36.373Y21Z-3;
N120X-21Y36.373Z-3;
N130G42D01X-36.373Y21;
N140G01X41.569Y24;
N150G03X-31.177Y18R-6;
N160G02X-18Y31R36;
N170G03X-24Y41.569R6;
N180X-41.56Y24R48;
N190X-36.373Y21R20;
N200G01Z30;
N210G40X50;
N220M05;
N230M30;
%
```

选用刀具直径为ϕ10 立铣刀(斜槽加工)。

```
%
O3000;
N10M03S500;
N20G90G01Z30F100;
N30X70Y-12.24;
N40Z-4;
N50X50;
N60G42D01Y-19.343;
N70X19.618Y-50;
N80X5.539;
N90X50Y-5.137;
N100Z30;
N110G40X70Y0;
N120M05;
N130M30;
%
```

提示：

(1) 在加工一定尺寸后测量其精度，并利用修改刀补设置，校正尺寸精度。

(2) 圆弧槽的铣削采用斜插式下刀。

✦✦✦✦✦ 课后习题 ✦✦✦✦✦

根据图 3-5 所示零件的加工要求，合理选择刀具和切削参数，编写加工程序。

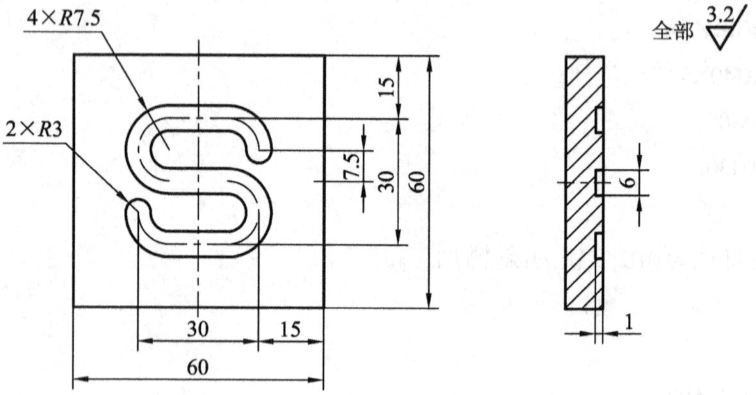

图 3-5　零件 4

组合训练三　平面、槽、孔类加工

项目目标

(1) 了解平面、槽、孔加工的方法。

(2) 熟悉平面、槽、孔加工常用编程指令及方法。

项目训练

完成图 3-6 所示零件的编程与加工。

主要训练指令：G00、G01、G03、G02、G81、G83

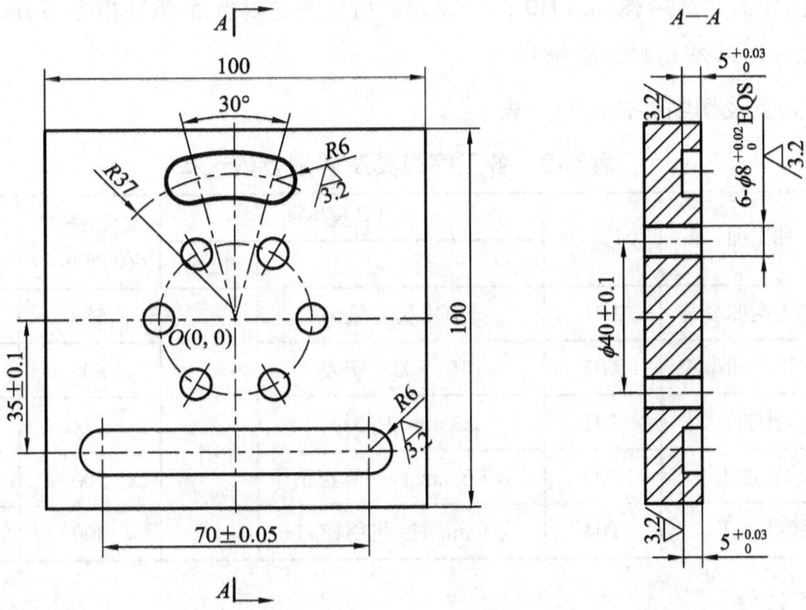

平面、槽、孔类加工	比例	数量	材料	图号：3-6
	1：1	1	45 钢	
姓名		日期	衡阳技师学院	
评分				

图 3-6　零件 5

引导训练

1. 工艺分析

1) 零件几何特点

该零件由左右对称的型腔、孔组成，其几何形状为平面二维图形，零件的外轮廓为方形，型腔尺寸精度为未注公差取公差中等级 ±0.1，表面粗糙度为 3.2 μm，需采用粗、精加工。孔为均匀分布，表面粗糙度为 3.2 μm，注意位置度要求。

2) 加工工序

毛坯为 100 mm × 100 mm×15 mm 板材，工件材料为 45 钢，外形已加工，根据零件图样要求其加工工序如下：

(1) 粗加工两个凹型腔，选用ϕ10 三刃立铣刀，其切入和切出安排在型腔中部；精加工两个凹型腔，采用改变刀具半径值补偿值的方法加工。

(2) 点孔加工，选用ϕ3 mm 中心钻。

(3) 钻孔加工，选用ϕ7.6 mm 直柄麻花钻，可用高速深孔钻循环指令 G83。

(4) 铰孔加工，选用ϕ8 mm H9 机用铰刀，可用高速深孔钻循环指令 G81。

3) *各工序刀具及切削参数选择*

各工序刀具及切削参数选择见表 3-3。

表 3-3 各工序刀具及切削参数选择

序号	加工面	刀具号	刀具规格		主轴转速 n/(r·min^{-1})	进给速度 V/(mm·min^{-1})
			类 型	材料		
1	粗加工两凹型腔	T01	ϕ10 三刃立铣刀	高速钢	550	120
2	精加工两凹型腔	T01	ϕ10 三刃立铣刀		800	100
3	点孔加工	T02	ϕ3 mm 中心钻		1200	120
4	钻孔加工	T03	ϕ7.6 mm 直柄麻花钻		500	80
5	铰孔加工	T04	ϕ8 mm H9 机用铰刀		300	50

2. 加工过程

加工过程见表 3-4。

表 3-4 加 工 过 程

序号	工 步	工 步 图	说 明
1	建立工件坐标系	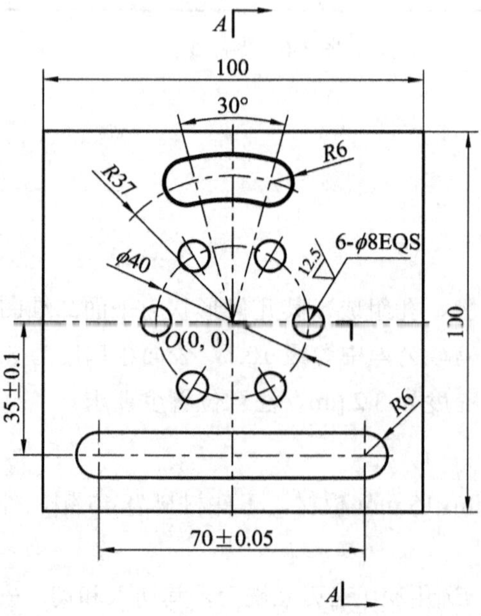	以对称中心 O 为 X、Y 轴坐标原点 ϕ3 的中心钻(钻孔)用 G81

续表

序号	工　步	工　步　图	说　　明
2	槽加工	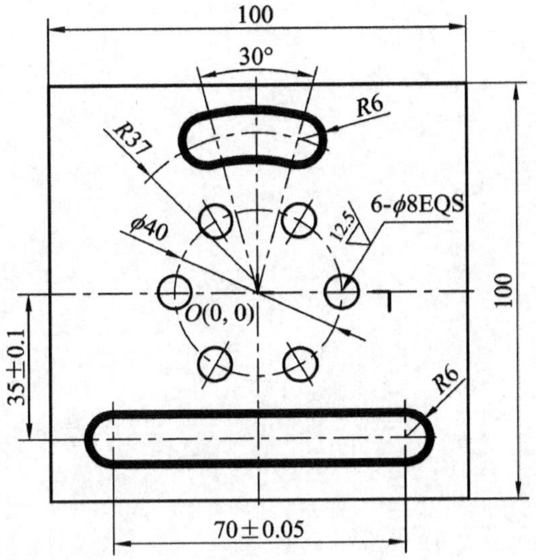	用 G01、G02、G03 ϕ10 的铣刀
3	孔加工	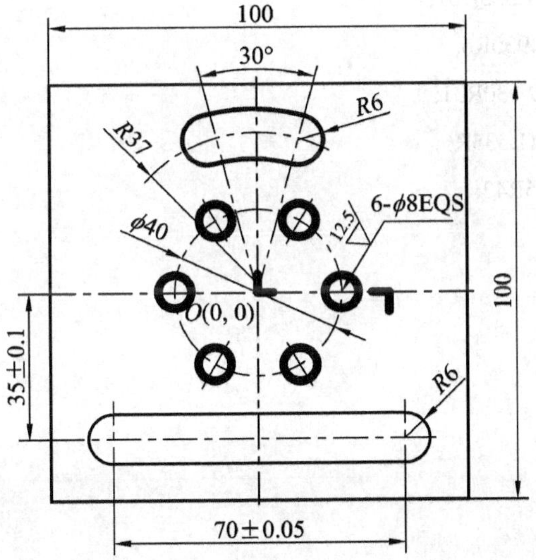	用 G83 ϕ10 的钻头(钻孔)

3. 参考程序

平面、槽、孔类加工程序如下：

选用刀具直径为ϕ8 的铣刀(铣槽)。

```
%
O1000;
N10G90G40G49M03S400;
N20G00Z30;
N30X5Y37;
N40G01Z0.5F100;
N50X-5Z0;
N60X5Z-0.5;
N70X-5Z-1;
N80X5Z-1.5;
N90X-5Z-2;
N100X5Z-2.5;
N110X-5Z-3;
N120X5Z-3.5;
N130X-5Z-4;
N140X5Z-4.5;
N150X-5Z-5;
N160X5Z-5;
N170G42X11.129Y41.535D01;
N180G02X8.020Y29.930R6;
N190G03X-8.020Y29.930R31;
N200G02X-11.129Y41.535R6;
N210X11.129Y41.535R43;
N220G01X9Y37;
N230Z30;
N240X0Y0G40;
N250X-35Y-31;
N260G01Z0.5F100;
N270X0Z0;
N280X-35Z-0.5;
N290X0Z-1;
N300X-35Z-1.5;
N310X0Z-2;
N320X-35Z-2.5;
N330X0Z-3;
```

```
N340X-35Z-3.5;
N350X0Z-4;
N360X-35Z-4.5;
N370X0Z-5;
N380X-35Z-5;
N390X35Z-5;
N400X0Y-41G41D01;
N410X-35;
N420G02X-35Y-29R6;
N430G01X35;
N440G02X35Y-41R6;
N450G01Z30;
N460G00X0Y0G40;
N470M05;
N480M30;
%
```

选用刀具直径为ϕ3 的中心钻(钻孔)。

```
%
O1100;
N10G00Z30S1000M03G90;
N20X-10Y17.321;
N30G99G81Z-20R30F80;
N40X10;
N50X20Y0;
N60X10Y-17.321;
N70X-10;
N80X-20Y0;
N90G80;
N100M05;
N110M30;
%
```

选用刀具直径为ϕ10 的钻头(钻孔)。

```
%
O2000;
N10G00Z30S350M03;
```

N20X-10Y17.321；

N30G99G83Z-20R30Q2F80；

N40X10；

N50X20Y0；

N60X10Y-17.321；

N70X-10；

N80X-20Y0；

N90G80；

N100M05；

N110M30；

%

提示：

(1) 选择正确的下刀方式。

(2) 钻孔前需用中心钻钻定位孔。

✦✦✦✦✦ 课 后 习 题 ✦✦✦✦✦

根据图 3-7 所示零件的加工要求，合理选择刀具和切削参数，编写加工程序。

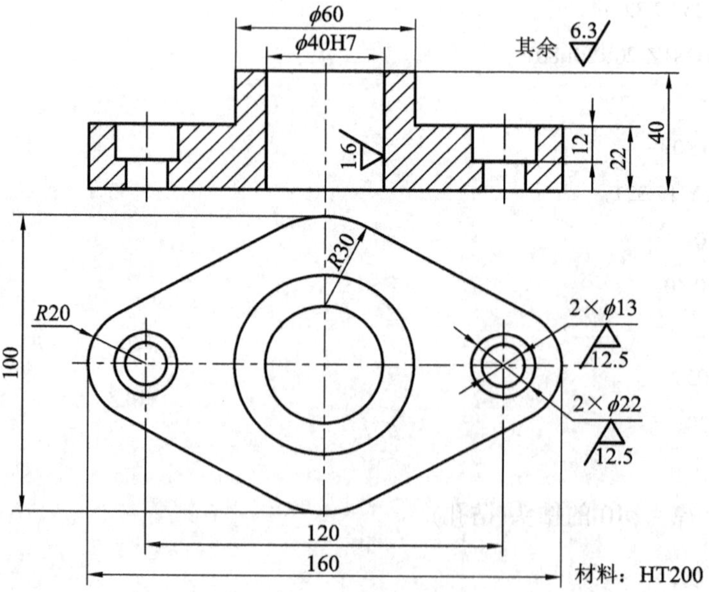

图 3-7 零件 6

模块四　特征零件编程与加工

项目一　子程序调用编程

项目目标

(1) 熟知子程序的格式、功能及用途。

(2) 能根据图纸要求灵活运用子程序编写特征零件的加工程序。

(3) 能够使用子程序调用 M98/M99 指令编写分层铣削加工程序，并能独立完成特征零件的加工。

知识引导

1. 子程序定义

一次装夹加工多个形状相同或刀具运动轨迹相同的零件，即一个零件有重复加工部分的情况下，为简化加工程序，把重复轨迹的程序段独立编成一个程序进行反复调用，这个重复轨迹的程序称为子程序，而调用子程序的程序称为主程序。子程序的编号与一般程序基本相同。用于加工一个工件中重复形状的子程序如图 4-1 所示。

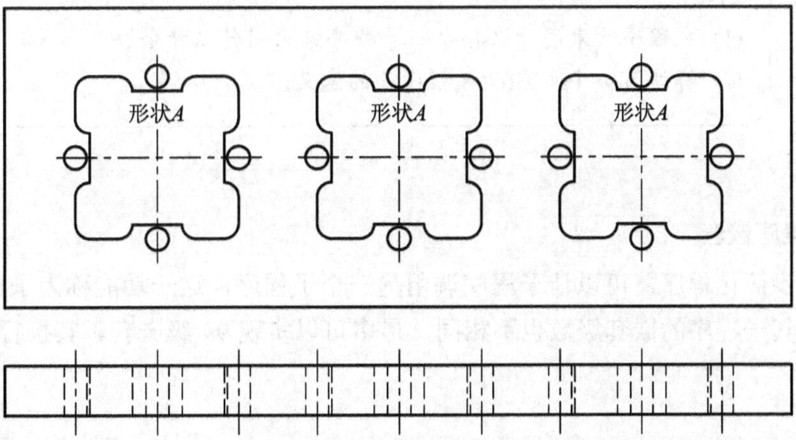

图 4-1　用于加工一个工件中重复形状的子程序

2．子程序格式

子程序的格式与主程序格式相似，包括程序名、程序段和程序结束指令，所不同的是程序结束指令不同，主程序用 M02 或 M30，子程序用 M99。

子程序格式如下：

```
O0612;
G91 G01 Z-2.0 F100;
…
G01 X30.0 Y30.0;
M99;
```

3．子程序的调用

子程序的调用格式如下：

```
M98 PxxxxLxxxx;
```

P：表示子程序调用情况。P 后面四位数字表示程序名，L 后四位为调用次数。采用这种调用格式时，调用次数前的 O 可以省略，但子程序名前的 O 不能省略。

例如：M98 P54321 表示调用子程序“O4321”共 5 次。

当调用次数为 1 次时，1 可以省略不写。如调用 O4321 子程序一次时，可以写成 M98 P00014321 或 M98 P14321 或 M98 P4321。

4．程序结束

编程格式：

```
M99;
```

M99 表示子程序结束，并返回到调用子程序的主程序中。

提示：最大调用次数为 9999。子程序可以调子程序，最多可调用 4 次。

问题：

(1) 主程序结束用什么指令？子程序结束用什么指令？

(2) 解读 M98 P00036758 程序段的意义。

5．子程序嵌套

为进一步简化程序，可以让子程序调用另一个子程序，这一功能称为子程序的嵌套。系统不同，其子程序的嵌套级数也不相同，最多可以实现 99 级嵌套。其执行过程如图 4-2 所示。

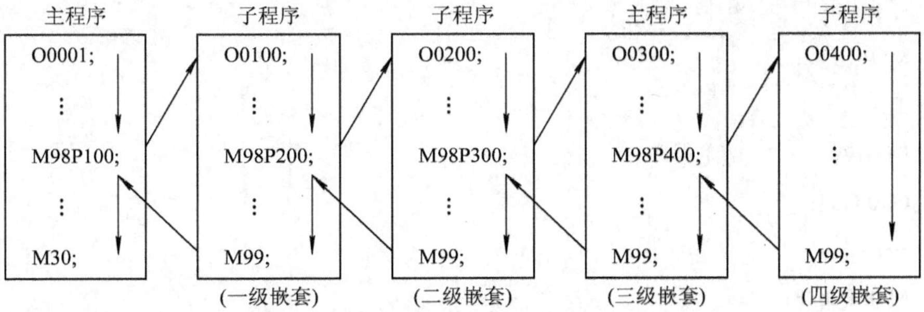

图 4-2 子程序嵌套

6. 子程序使用注意事项

(1) 注意主程序与子程序间模式代码的变换。子程序采用了 G91 模式时，返回主程序时应注意及时进行 G90 与 G91 模式的变换。例如：

```
O0613;        //主程序
G90 G54;      //G90 模式
M98 P0614;    //G91 模式
…
G90 …;        //G90 模式
M30;
O0614;        //子程序
G91 …;
…;
M99;
```

(2) 在半径补偿模式中的程序不能被分支，即在主程序中加刀补就必须在主程序中取消刀补，而在子程序中加刀补就必须在子程序中取消刀补，否则系统会出现程序报警。例如：

程序一：

```
O0615;        //主程序
G90 G54;
G41…;
M98 P0616;
…
G90…;
G40…;
M30;
O0616;        //子程序
G91…;
```

```
    …;
    M99;
```

程序二：

```
    O0617;          //主程序
    G90 G54;
    …;
    M98 P0618;
    G90…;
    M30;
    O0618;          //子程序
    G91…;
    G41…;
    …;
    G40…;
    M99;
```

(3) 在使用子程序编程时，应注意主、子程序使用不同的编程方式。一般主程序中使用 G90 指令，而子程序使用 G91 指令，避免刀具在同一位置加工。

(4) 当子程序中使用 M99 指令指定顺序号时，子程序结束时并不返回到调用子程序程序段的下一程序段，而是返回到 M99 指令指定的顺序号的程序段，并执行该程序段。

例如，M99 顺序号的指定如图 4-3 所示。

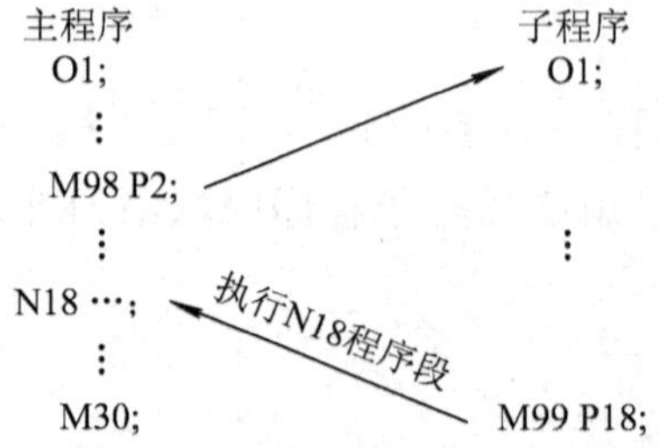

图 4-3　M99 顺序号的指定

子程序执行完以后，执行主程序顺序号为 O0018 的程序段。

7．分层铣削的编程方法

我们在数控加工中，由于要加工轮廓 Z 向切削深度较大，因此轮廓 Z 向采用子程序分层切削的方法进行。

分层切削时，为了避免出现分层切削的接刀痕迹，通过修改刀具半径补偿值的办法留出精加工余量，参照经验公式选取精加工余量为单边 0.2 mm，待分层切削完成后，再在总深度方向进行一次精加工。精加工前，需对刀具半径补偿值、主程序中调用子程序的次数(改成 1 次)和子程序 Z 向切深量(改成等于总切深)进行修改。

引导训练

零件如图 4-4 所示，用ϕ8 键槽铣刀加工 10 mm 深的槽，每次 Z 轴下刀 2.5 mm，试利用子程序编写程序。

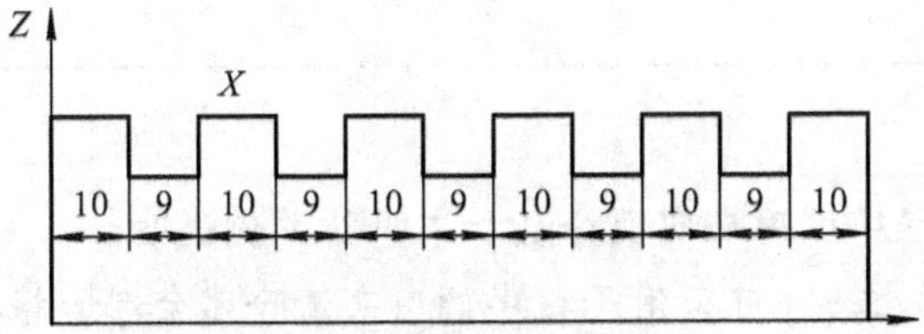

(a) 键槽铣削主视图

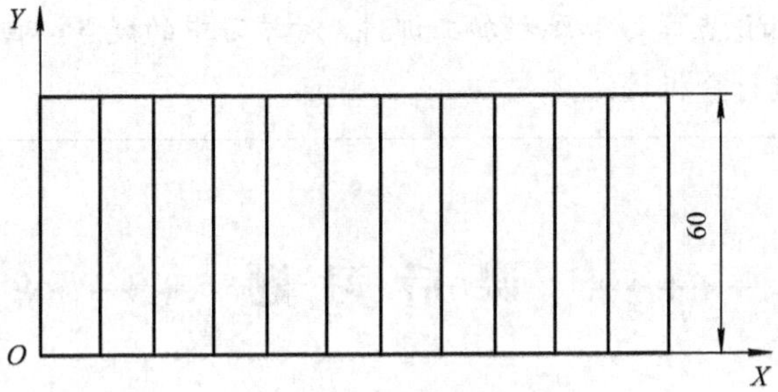

(b) 键槽铣削俯视图

图 4-4　键槽铣削主视图和俯视图

参考程序如下：

```
O100;              //主程序
N10 G92 X0 Y0 Z20.0;
N20 M03 S800;
N30 G90 G00 X-4.0 Y-10.0 M08;
N40 Z0;
N50 M98P110 L4;
N60 G90 G00 Z20.0 M05;
N70 X0 Y0 M09;
N80 M30;

O110;              //子程序
G91 G00 Z-2.5;
M98 P120 L5;
G00X-4.0;
M99;
```

```
O120;              //子程序
G91 G00 X18.0;
G01 Y76.0 F100;
G01 X1.0;
G01Y-76.0;
M99;
```

问题：

(1) 可以用子程序调用来实现分层加工吗？举例说明。

(2) 数控铣削加工时，可否用子程序调用来清除残余料？根据子程序加工的优缺点进行分析。

(3) 通过知识点学习和编程加工训练，对学习中的疑点、难点及加工中碰到的问题进行分析讨论。

课后习题

零件如图 4-5 所示，试利用子程序编写程序。

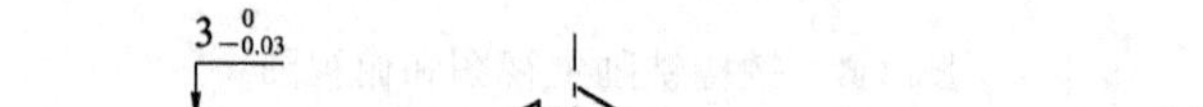

技术要求：

(1) 不准用砂布及锉刀等修饰表面。

(2) 未注公差尺寸按GB1804—M。

图 4-5　零件 1

项目二　比例缩放轮廓零件编程

项目目标

(1) 认识比例缩放功能的优点。

(2) 掌握比例缩放程序编写。

(3) 掌握比例缩放中心坐标值的计算。

(4) 能够在铣零件时灵活应用比例缩放。

知识引导

比例缩放功能 G51 是数控铣加工中简化编程指令的一项，可对加工程序指定的图形指令进行缩放，如图 4-6 所示。

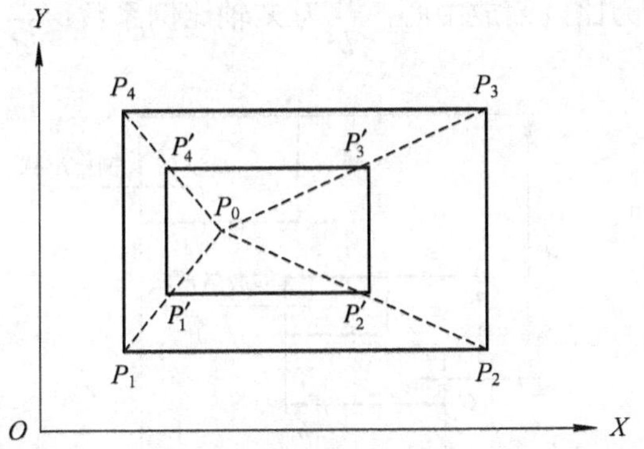

图 4-6　对加工程序指定的图形指令进行缩放

1．比例缩放功能指令格式

格式：

G51 X_Y_Z_ I_J_K_；　//不等比例缩放

G51 X_Y_Z_P_；　　　//等比例缩放

G50；

说明：

G51：建立缩放。

G50：取消缩放。

X、Y、Z：缩放中心的坐标值。

I、J、K：缩放系数。

使用缩放功能可使原编程尺寸按指定比例缩小或放大。

G51 既可指定平面缩放，也可指定空间缩放。

I、J、K 对应为 X 轴、Y 轴、Z 轴。

在 G51 后，运动指令的坐标值以(X，Y，Z)为缩放中心，按 P 规定的缩放比例进行计算。

使用 G51 指令可用一个程序加工出形状相同、尺寸不同的工件。G51、G50 为模态指令，可相互注销，G50 为缺省值。

提示:

(1) 比例为 1 时要输入 1000。

(2) 有刀补时，先缩放，然后进行刀具长度补偿和半径补偿。

2．缩放中心坐标值的计算

1) 比例缩放系数的计算

如图 4-7 所示，O 为比例缩放中心；$\dfrac{a}{b}$ 为 X 轴比例系数；$\dfrac{c}{d}$ 为 Y 轴比例系数。

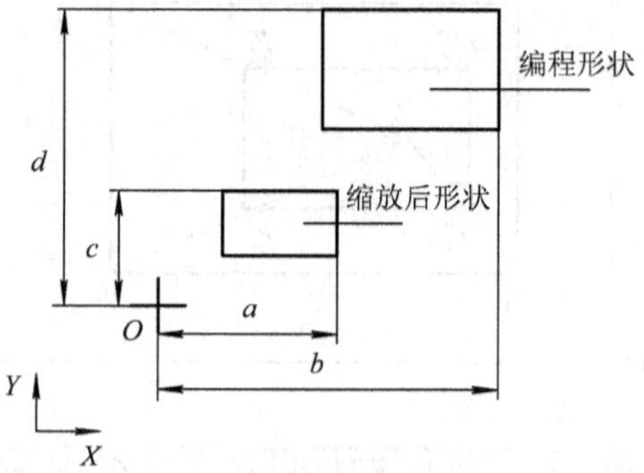

图 4-7　比例缩放系数

由上可知：缩放系数其实等于缩放后图形上某一点到缩放中心的距离与缩放前这一点到缩放中心距离的比值。

2) 缩放中心坐标值的计算

由比例缩放系数可得出：若已知缩放比例和某一点在缩放前、后的尺寸值，则可计算出缩放中心的坐标值。

【例 4-1】 如图 4-8 所示，已知缩放比例 p 和相关点 1、1′ 之间的 x 方向距离 a，则缩放中心点 O 和点 1 之间的距离 x 计算如下：

因为

$$\frac{(x-a)}{x}=p$$

所以

$$x = \frac{a}{1-p}$$

如果已知点 1 在坐标系中的坐标值 L，则缩放中心的实际坐标值为 $L + x$。

Y 轴方向计算方法相同，此处略过。

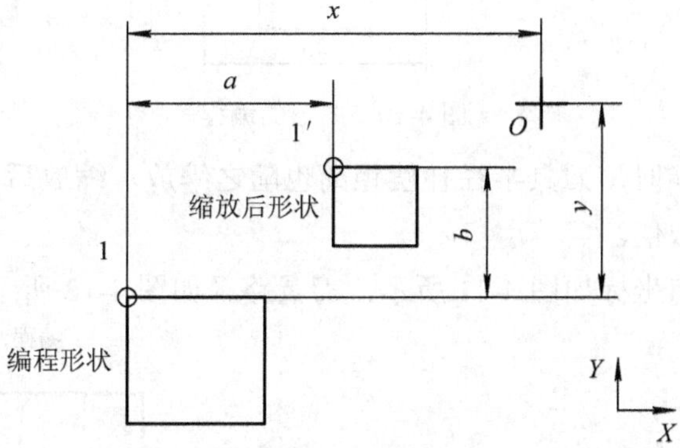

图 4-8　缩放中心坐标值

引导训练

如图 4-9 所示的零件，毛坯尺寸为 45 mm × 45 mm × 26 mm，用比例缩放功能编写加工程序，刀具直径为 12 mm。

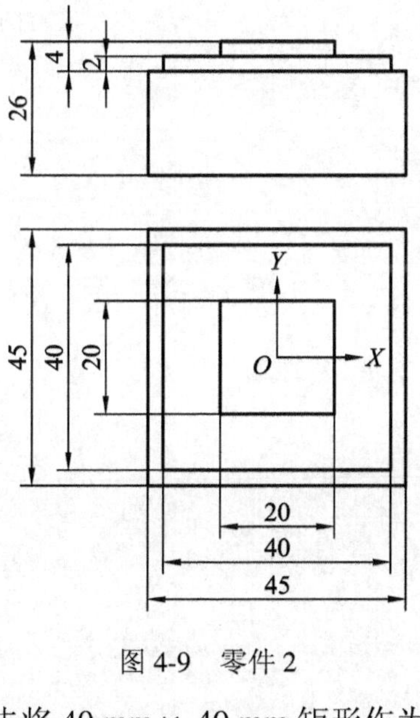

图 4-9　零件 2

编写此零件的加工程序，先将 40 mm × 40 mm 矩形作为基本形状子程序，再通过比例缩放功能指令调用此子程序来加工 20 mm × 20 mm 矩形，即可完成整个图形的编程，如图 4-10 所示。

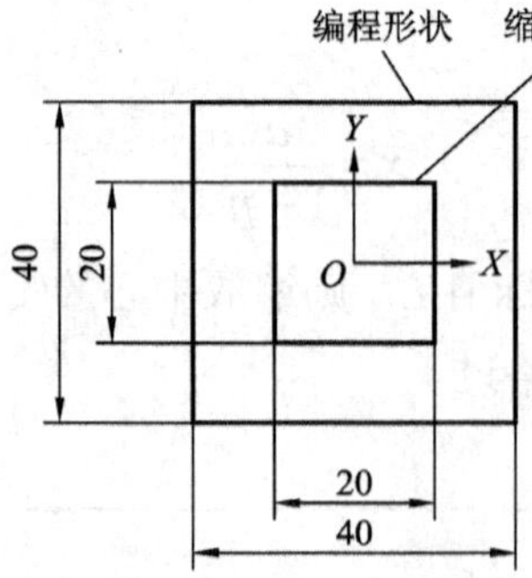

图 4-10　图形的编程

使用比例缩放功能时，刀具半径补偿距离也随之缩放，缩放后的刀具半径补偿距离必须大于刀具半径补偿数值。

编程过程中起刀点坐标如图 4-11 所示，刀具路径如图 4-12 所示。

1	PX	PY
1	−36.000	−36.000

图 4-11　起刀点坐标

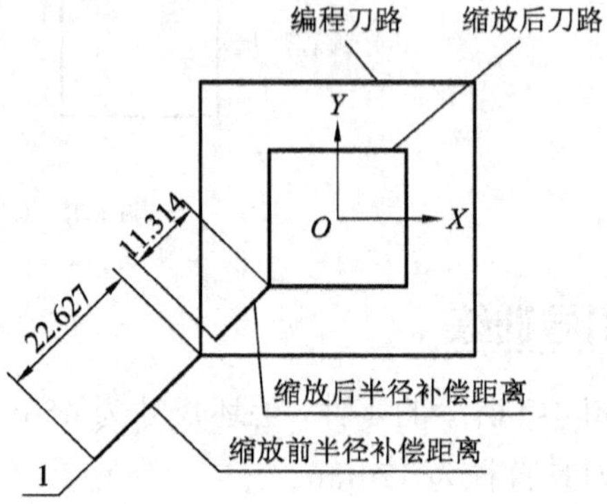

图 4-12　刀具路径

参考程序如下：

```
O1000;
G40G49G50G80;
M3S500;
G54G90G0Z100;
X-36.Y-36;
Z2;
G1Z-4.F200;
M98P1001;
G0Z-2;
G51X0Y0P0.5;
M98P1001;
G50;
G0Z200;
M5;
```

```
M30;
%
O1001;
G1G41X-20.Y-20.D1F200;
Y20;
X20;
Y-20;
X-20;
G40X-36.Y-36;
M99;
```

✦✦✦✦✦ 课 后 习 题 ✦✦✦✦✦

1. 图 4-13 所示的零件毛坯尺寸为 100 mm × 100 mm × 30 mm，材料为 45 钢或 PVC，试编写程序并加工。

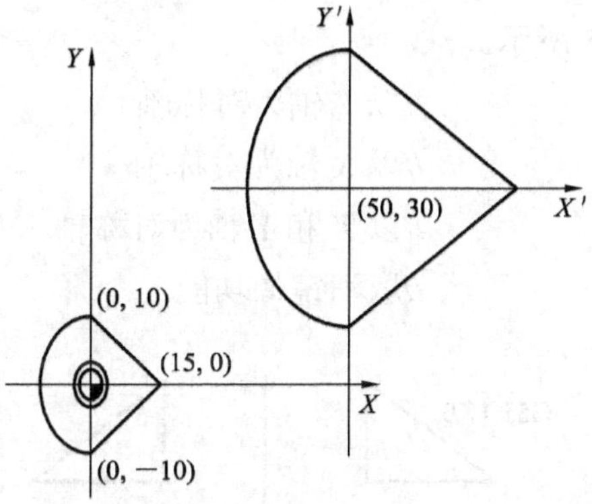

图 4-13　比例缩放图 1

2. 图 4-14 所示的零件毛坯尺寸为 100 mm × 100 mm × 30 mm，试完成编程。

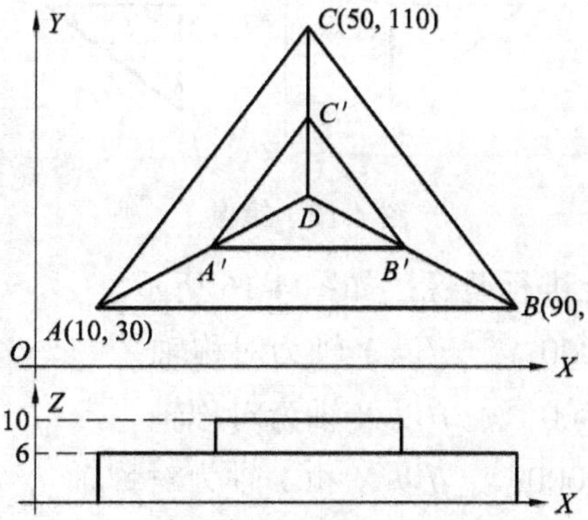

图 4-14　比例缩放图 2

项目三　对称轮廓零件编程

项目目标

(1) 认识镜像功能的优点。
(2) 掌握镜像程序编写。
(3) 能够在铣零件时灵活应用镜像。

知识引导

1．镜像指令

镜像就是将原有的图形对某直线对称而得到的新的图形。只要编写原图形的程序，再采用镜像功能，就能得到新图形的程序，简化了编程。其格式有以下两种形式。

格式 1：镜像如图 4-15 所示。

```
G51.1X0;         //以Y轴为对称轴
G51.1Y0;         //以X轴为对称轴
G51.1X0Y0;       //以X和Y轴为对称轴
G50.1;           //取消镜像功能
```

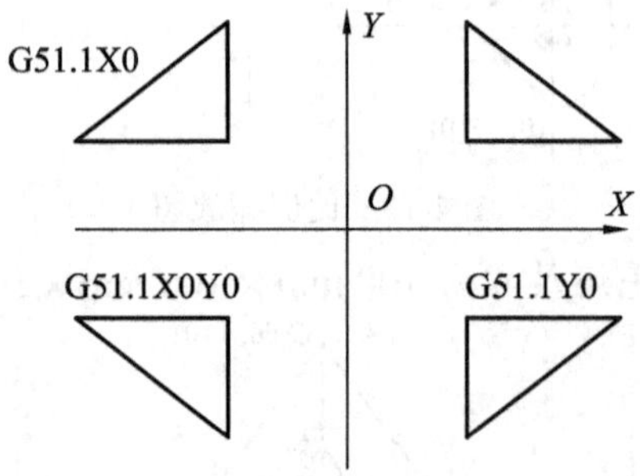

图 4-15　镜像

格式 2：以比例缩放功能进行镜像，如图 4-16 所示。

```
G51XOYOI-1000J1000;     //以Y轴为对称轴
G51XOYOI1000J-1000;     //以X轴为对称轴
G51XOYOI-1000J-1000;    //以X和Y轴为对称轴
G50;                    //取消镜像
```

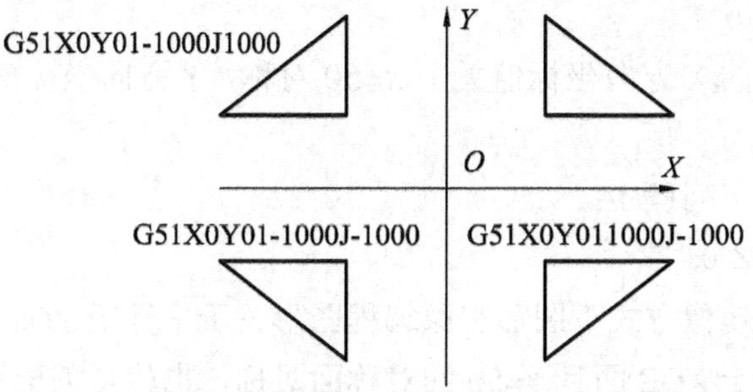

图 4-16　用比例缩放镜像

2．镜像指令应用

1) 单轴坐标的可编程镜像

单轴的可编程镜像是仅对单个轴坐标做镜像处理，其他坐标不改变。例如：

```
G51.1 X50;
G01 X70 Y30 Z30;
G50.1 X50;
```

表示镜像方式下的点的 X 方向坐标值关于 X=50 对称，Y、Z 方向坐标值不变。

上述程序等效于下列程序：

```
G01 X30 Y30 Z30;
```

几何意义：表示镜像方式下图形和原编程图形关于平行于 YOZ 平面且 X=50 的对称面对称，如图 4-17 所示。

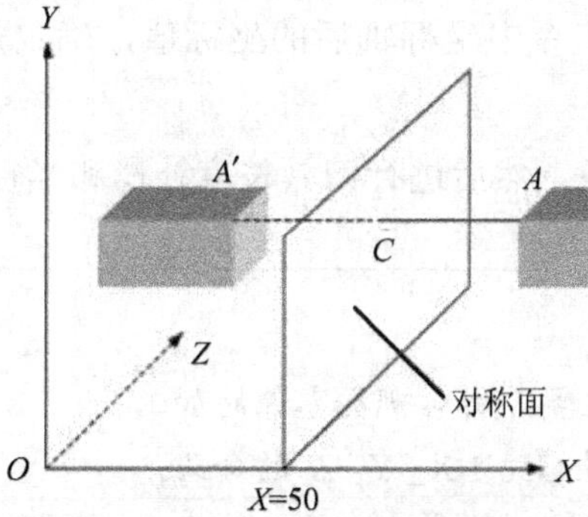

图 4-17　单轴坐标的可编程镜像

2) 两轴坐标的可编程镜像

两轴的可编程镜像是依次对两个坐标做镜像处理，其他轴坐标不变。例如：

```
G51.1 X50 Y50;
G01 X70 Y30 Z30;
```

G50.1 X50 Y50;

表示镜像方式下的点的 *X* 方向坐标值关于 *X*=50 对称，*Y* 方向坐标值关于 *Y*=50 对称，其 *Z* 向坐标不变。

上述程序等效于下列程序：

G01 X30 Y70 Z30;

几何意义：表示镜像方式下图形和原编程图形关于平行于 *YOZ* 平面且 *X*=50 的对称面对称后，再关于平行于 *XOZ* 面且 *Y*=50 的对称面对称，也就是关于平行于 *Z* 轴，且与 *XOY* 平面相交于点(50, 50)的对称轴对称，如图 4-18 所示。

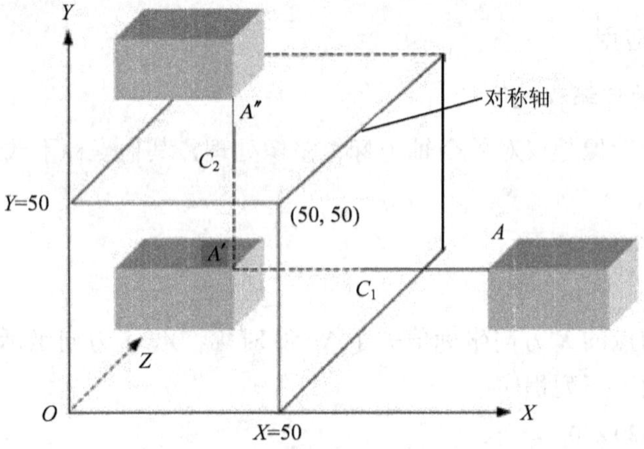

图 4-18　两轴坐标的可编程镜像

3．镜像指令使用注意事项

(1) 建立镜像：通过镜像指令中坐标轴后的坐标值，确定是采用对称轴、线、点中哪一种方式来建立镜像。

(2) 有刀补时，要求先镜像，然后进行刀具长度补偿和半径补偿。

问题：

(1) 镜像功能主要是针对哪类零件的加工？

(2) 解读程序段 G50.1 X_ Y_ Z_的含义。

(3) 镜像指令的应用方式有哪些？

(4) 镜像功能主要用途有哪些？加工工件有何特征？

引导训练

如图 4-19 所示的镜像功能：设刀具起点距工件上表面 100 mm 处，背吃刀量为 5 mm。

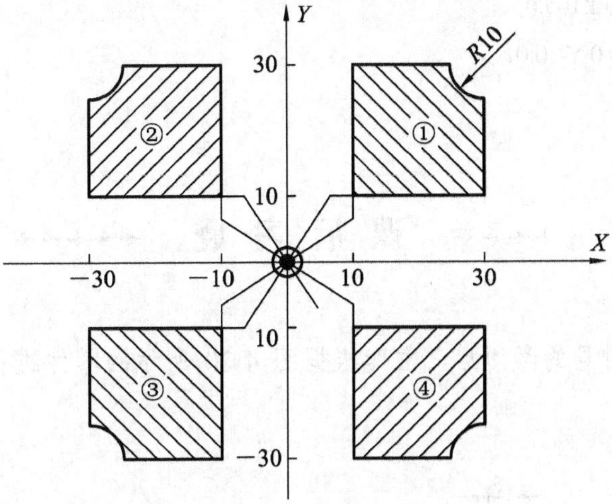

图 4-19　镜像功能

程序如下：

```
O024;                              //主程序
N10 G91 G17 M03 S600;
N20 M98 P100;                      //加工①
N30 G24 X0;                        //Y 轴镜像，镜像位置为 X=0
N40 M98 P100;                      //加工②
N50 G24 X0 Y0;                     //X 轴、Y 轴镜像，镜像位置为(0，0)
N60 M98 P100;                      //加工③
N70 G25 X0;                        //取消 Y 轴镜像
N80 G24 Y0;                        //X 轴镜像
N90 M98 P100;                      //加工④
N100 G25 Y0;                       //取消镜像
N110 M05;
N120 M30;
O100;                              //子程序(①的加工程序)
N130 G41 G00 X10.0 Y4.0 D01;
N140 G43 Z-98.0 H01;
N150 G01 Z-7.0 F300;
N160 Y26.0;
N170 X10.0;
N180 G03 X10.0 Y-10.0 I10.0;
N190 G01 Y-10.0;
N200 X-25.0;
```

N210 G49 G00 Z105.0;

N220 G40 X-5.0 Y-10.0;

N230 M99;

✦✦✦✦✦ 课 后 习 题 ✦✦✦✦✦

1. 在完成知识引导的学习后，立即根据图 4-20 所示的零件进行编程加工，巩固所学知识和技能。

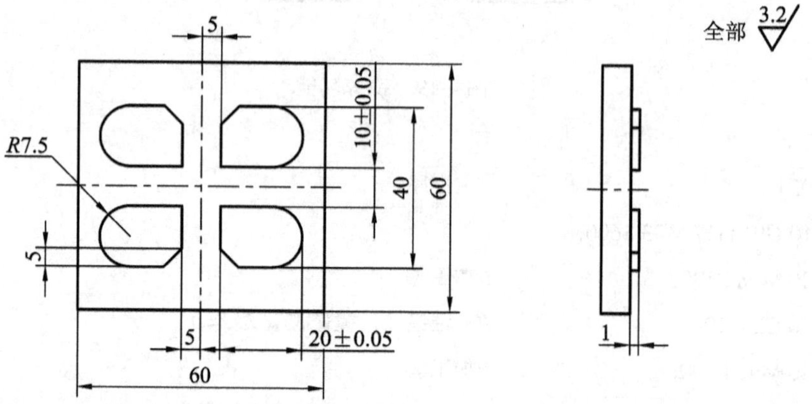

图 4-20　零件 3

2. 如图 4-21 所示的零件，毛坯尺寸为 100 × 100 × 30，已完成粗加工，试编写四个圆台精铣程序并加工。

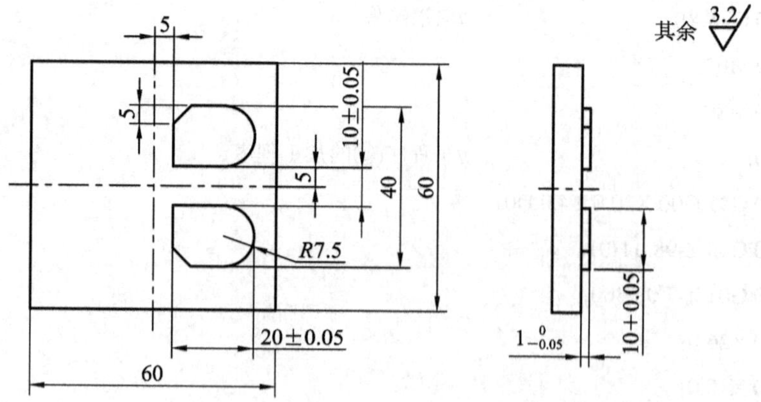

图 4-21　零件 4

项目四　旋转轮廓零件编程

项目目标

(1) 能够应用旋转坐标 G68 指令编写旋转类零件的加工程序。

(2) 能够结合子程序编写旋转工件加工程序，并完成旋转轮廓的加工。

(3) 能够在零件铣削时灵活应用旋转轮廓。

知识引导

1. 坐标旋转指令

该指令可使编程图形按指定旋转中心及旋转方向旋转一定的角度，如图 4-22 所示。

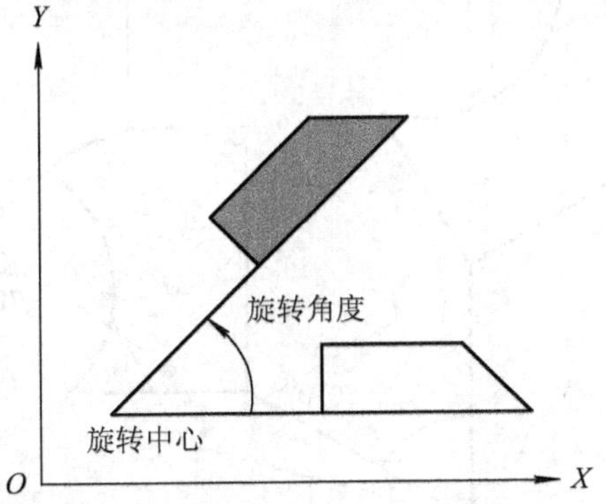

图 4-22　编程图形按指定旋转中心及旋转方向旋转一定的角度

格式：

$$\left\{\begin{matrix}G17\\G18\\G19\end{matrix}\right\}G68\left\{\begin{matrix}X\_Y\_R\_\\X\_Z\_R\_\\Y\_Z\_R\_\end{matrix}\right.;$$

M98 P_;

G69;

其中：G68 为坐标旋转功能指令，G69 为取消坐标旋转功能指令；X、Y、Z 为旋转中心的坐标值；R 为旋转角度，逆时针旋转定义为正向，一般为绝对值；旋转角度范围为 −360.0～+360.0，单位为 0.001°。

【例 4-2】 如图 4-23 所示，运用旋转指令编写程序。

程序如下：

```
O0622;
N10 G54 GO0 X-50 Y-50 G69 G17;
N20 G90 G68 X70 Y30 R60;
N30 G90 G01 X0 Y0 F200;
    (G91 X50 Y50)
N40 G91 X100;
N50 G02 Y100 R100.0;
N60 G03 X-100 I-50 J-50;
N70 G01 Y-100;
N80 G69 G90 X-50 Y-50;
N90 M30;
```

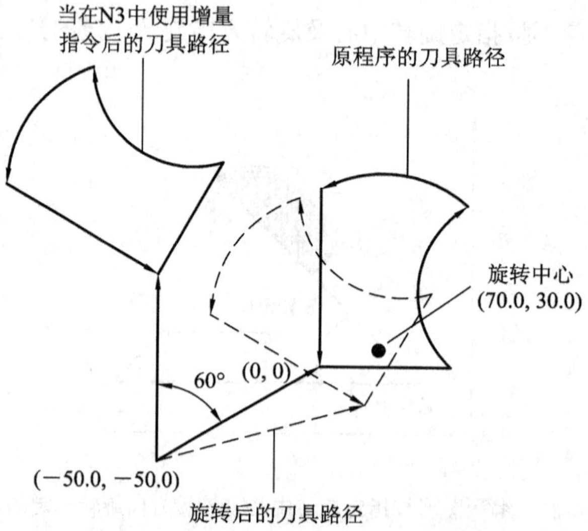

图 4-23　刀具路径的旋转前后

注意：坐标系旋转取消指令 G69 以后的第一个移动指令必须用绝对值指定，如果用增量值指定将不执行正确的移动。

坐标系旋转功能与刀具半径补偿的关系旋转平面一定要与刀具半径补偿平面共面。如图 4-24 所示，其程序如下：

```
O0623;
N10 G54 G00 X0 Y0;
N20 G68 R-30.0;
N30 G42 G90 G00 X10.0 Y10.0 F100 D01;
N40 G91 X20.0;
```

N50 G03 Y10.0 R15；

N60 G01 X-20.0；

N70 Y-10.0；

N80 G40 G90 X0 Y0；

N90 G69 M30；

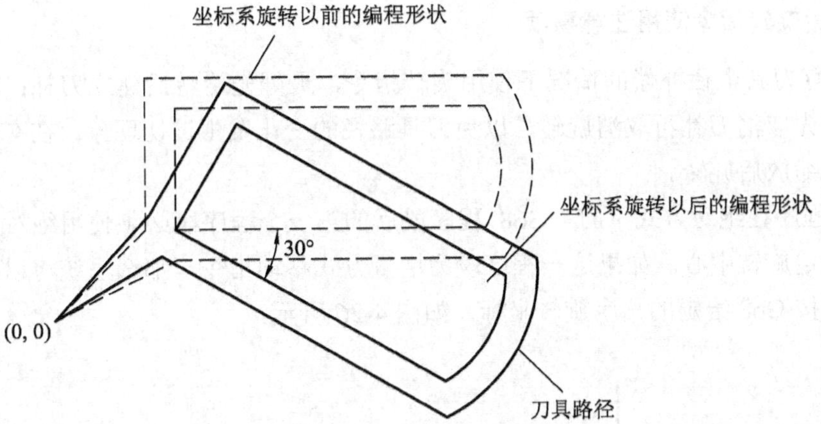

图 4-24 坐标系旋转前后

当选用半径为 *R*5 的立铣刀时，设置刀具半径补偿偏置号 D01 的数值为 5。

2．子程序和旋转指令组合使用

可以通过子程序和旋转指令组合使用完成零件加工。如图 4-25 所示，其旋转中心的坐标值为(15, 15)，可以先将图形旋转 60°，然后调用轮廓加工子程序完成零件加工。数控加工程序如下：

O0624；

N10 G54 G0 G90 X0 Y0；

N20 G68 X15.0 Y15.0 R60；

N30 M98 P0002；

N40 G69 G90 X0 Y0；

N50 M30；

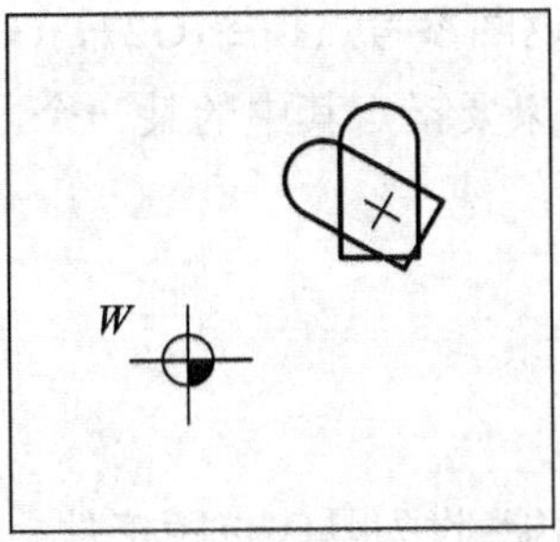

图 4-25 子程序和旋转指令组合

问题：

(1) 坐标旋转建立和取消的指令是什么？两者之间有何关系？

(2) 解读程序段 G69 G90 X0 Y0 的含义。

(3) 什么是重复加工指令？有何作用？

3．坐标旋转指令使用注意事项

(1) 在有刀具半径补偿的情况下使用旋转指令，最好先旋转后建立刀补；轮廓加工完成后，最好先取消刀补再取消旋转，以免刀具路径的变化发生过切现象；在有缩放功能的情况下，先缩放后旋转。

(2) 当程序在绝对方式下时，G68 程序段后的第一个程序段必须使用绝对方式移动指令，才能确定旋转中心。如果这一程序段为增量方式移动指令，那么系统将以当前位置为旋转中心，按 G68 给定的角度旋转坐标，如图 4-26 所示。

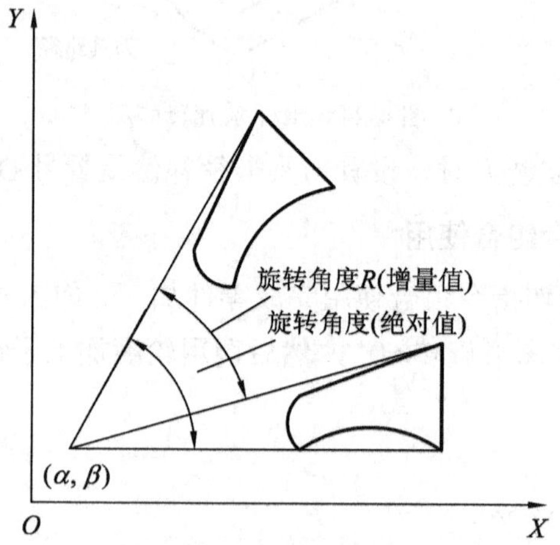

图 4-26　系统按 G68 给定的角度旋转坐标

(3) 坐标系旋转取消指令 G69 程序段后的第一个程序段必须使用绝对方式移动指令编程；如果使用增量编程，将不执行正确的移动。

(4) 在坐标系旋转指令中，返回参考点指令(G27、G28、G29、G30)和改变坐标系指令(G54～G59、G92)不能指定。如果要指定其中的某一个，则必须在取消坐标系旋转指令后指定。

引导训练

如图 4-27 所示的旋转变换功能：设刀具起点距工件上表面 50 mm 处，背吃刀量为 5 mm。

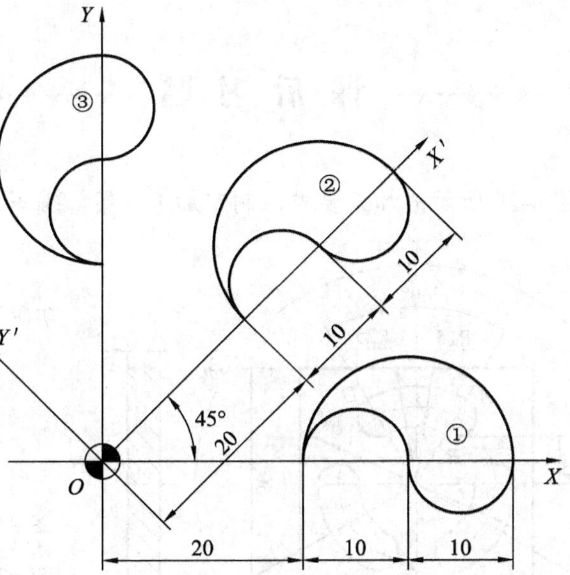

图 4-27 旋转变换功能

程序如下：

```
O0068;                          //主程序
N10 G90 G17 M03 S600;
N20 G43 Z-5.0 H02;
N30 M98 P200;                   //加工①
N40 G68 X0 Y0 P45;              //旋转 45°
N50 M98 P200;                   //加工②
N60 G69;                        //取消旋转
N70 G68 X0 Y0 P90;              //旋转 90°
N80 M98 P200;                   //加工③
N90 G49 Z50.0;
N100 G69 M05 M30;               //取消旋转
O200;                           //子程序(①的加工程序)
N110 G41 G01 X20.0 Y-5.0 D02 F300;
N120 Y0;
N130 G02 X30 Y0 I5 J0;
N140 G03 X40 Y0 I5 J0;
N150 X20 Y0 I-10;
N160 G01 Y-6.0
N170 G40 X0 Y0;
N180 M99;
```

✦✦✦✦✦ 课后习题 ✦✦✦✦✦

根据图 4-28 和图 4-29 所示的加工要求，制定加工方案，编写加工程序。

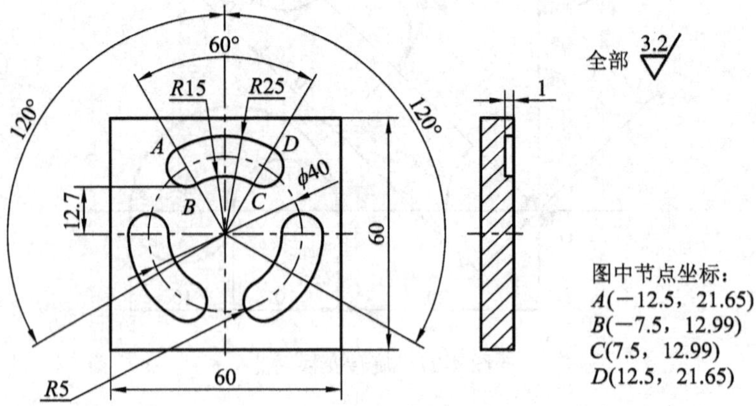

图 4-28 零件 5

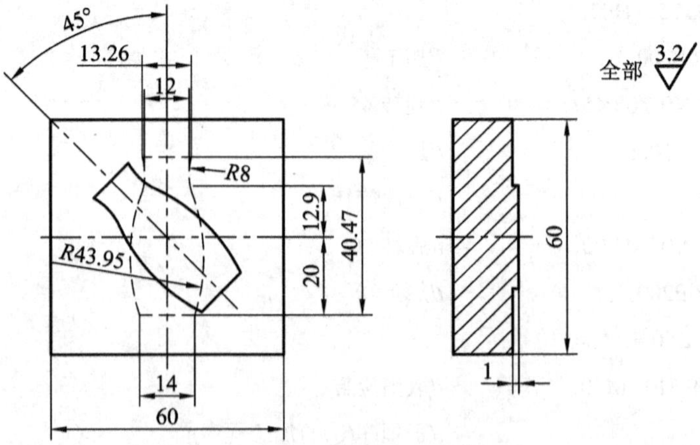

图 4-29 零件 6

模块五　综合零件编程

综合零件加工(一)

项目目标

(1) 掌握综合零件加工工艺应用的编制。

(2) 掌握综合零件加工的编程。

(3) 掌握综合零件加工的数控操作。

(4) 掌握综合零件加工的精度保证。

项目训练

完成图 5-1 所示零件的编程与加工。

主要训练指令：G00、G01、G02、G03、G41、G42、G40、G81、G85、G49

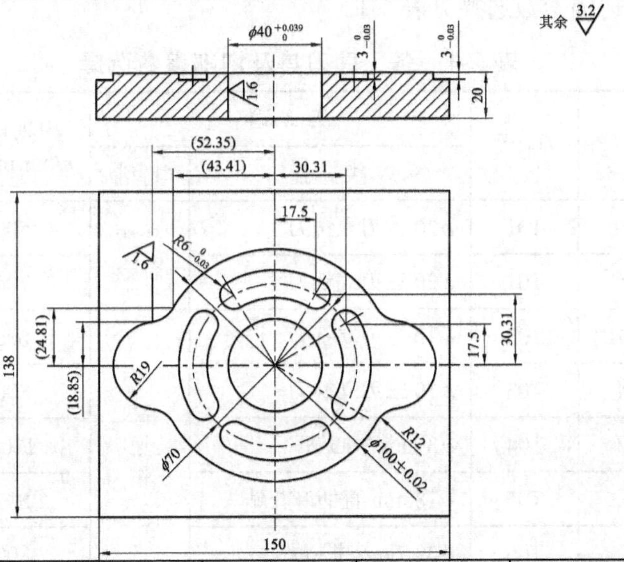

综合零件加工(一)	比例	数量	材料	图号：5-1
	1∶1	1	45 钢	
姓名		日期	衡阳技师学院	
评分				

图 5-1　综合零件 1

引导训练

1．工艺分析

零件几何特点：该零件由凸台、四个均布的槽、一个通孔组成。其几何形状为平面二维图形，零件的外轮廓为方形，外形精度为±0.02，表面粗糙度为 1.6 μm，槽表面粗糙度为 1.6 μm，槽宽尺寸精度为 IT7，需采用粗、精加工。孔的要求高，精度达 0.039 mm，R_a 为 1.6 μm。

2．加工工序

毛坯为 100 mm×100 mm×20 mm 板材，工件材料为 45 钢，外形已加工，根据零件图样要求其加工工序如下：

(1) 粗加工凸台外形，选用ϕ20 立铣刀，加工面大，可提高加工效率；槽选用ϕ10 三刃立铣刀，用沿轮廓螺旋式下刀。精加工采用改变刀具半径补偿值的方法加工。

(2) 点孔加工，选用ϕ3 mm 中心钻。

(3) 钻孔加工，选用ϕ18 mm 麻花钻，可用高速深孔钻循环指令 G83。

(4) 扩孔加工，选用ϕ39.7 mm 扩孔钻，可用高速深孔钻循环指令 G83。

(5) 铰孔加工，选用ϕ39.9 mm H8 机用铰刀，可用高速深孔钻循环指令 G85。

(6) 铰孔加工，选用ϕ40 mm H7 机用铰刀，可用高速深孔钻循环指令 G85。

3．各工序刀具及切削参数选择

各工序刀具及切削参数选择见表 5-1。

表 5-1　各工序刀具及切削参数选择

序号	加工面	刀具号	刀具规格		主轴转速 $n/(\mathrm{r\cdot min^{-1}})$	进给速度 $V/(\mathrm{mm\cdot min^{-1}})$
			类　型	材料		
1	粗加工凸台	T01	ϕ20 三刃立铣刀	硬质合金	500	120
2	精加工凸台	T01	ϕ20 三刃立铣刀		700	80
3	粗加工槽	T03	ϕ10 三刃立铣刀	高速钢	600	120
4	精加工槽	T03	ϕ10 三刃立铣刀		800	80
5	点孔加工	T04	ϕ3 mm 中心钻		1200	120
6	钻孔加工	T05	ϕ18 mm 直柄麻花钻		800	80
7	扩孔加工	T06	ϕ39.7 mm 扩孔钻		800	80
8	粗铰孔加工	T07	ϕ39.9 mm H8 机用铰刀		300	50
9	精铰孔加工	T08	ϕ40 mm H7 机用铰刀		300	30

4．参考程序

确定工件坐标系和对刀点。在 *XOY* 平面内确定以 *O* 点为工件原点，*Z* 方向以工件上表面为原点，建立工件坐标系。

(1) 外形加工程序(选用ϕ20 铣刀粗、精加工)如下：

铣外形选用ϕ20 的立铣刀。

```
%
O1100;
N10 M03 S500;
N20 G00 Z30;
N30 G90 G01 X-85 Y-50 F150;
N40 Z-5;
N50 G42 G01 X0 Y-50 D01F100;
N60 G03 X43.4113 Y-24.8085 R50;
N70 G02 X52.3474 Y-18.8544 R12;
N80 G03 X52.3474 Y18.8544R19;;
N90 G02 X43.4113Y24.8085 R12;
N100 G03 X-43.4113 Y24.8085 R50;
N110 G02 X-52.3474 Y18.8544R12;
N120 G03 X-52.3474 Y-18.8544R19;
N130 G02 X-43.4113 Y-24.8085R12;
N140 G03 X0 Y-50 R50;
N150 G01 X80;
N160 Z30;
N170 G40 G00 X80 Y-80;
N180 M05;
N190M30;
%
```

(2) 点孔加工(选用ϕ3 mm 的中心钻)程序如下：

```
%
O3011;          //点孔
N10 G90 G49 G80 G90 M03 S500;
N20 G00 X0 Y0;
N30 G01 Z10 F100;
N40 G81 X0 Y0 Z-2 R10 Q3 P3    F60;
N50 G80;
```

```
N60 M05;
N70 M30;
%
```

(3) 钻孔加工(选用ϕ18 mm 的麻花钻和ϕ39.7 mm 的扩孔钻)程序如下：

```
%
O3001;            //钻孔、扩孔
N10 G90 G49 G80 G90 M03 S500;
N20 G00 X0 Y0;
N30 G01 Z10 F100;
N40 G81 X0 Y0 Z-23 R10 Q3 P3   F60;
N50 G80;
N60 M05;
N70 M30;
%
```

(4) 铰孔加工(选用ϕ39.9 mm H8 机用铰刀和ϕ40 mm H7 机用铰刀)程序如下：

```
%
O3002;            //粗、精铰孔
N10 G90 G49 G80 G90 M03 S500;
N20 G00 X0 Y0;
N30 G01 Z30 F100;
N40 G86 G99 X0 Y0 Z-25 R30 F60;
N50 G80;
N60 M05;
N70 M30;
%
```

(5) 挖槽(选用ϕ10 的铣刀)程序如下：

```
%
O2001;
N10 G90 G40 G80 G49 M03 S500;
N20 G00 X-30.31 Y17.5;
N30 M98 O2002;
N40 G68 X0 Y0 R-90000;
N50 G00 X-30.31 Y17.5;
N60 M98 P2002;
```

```
N65 G69;
N70 G68 X0 Y0 R-180000;
N80 G00 X-30.31 Y17.5;
N90 M98 P2002;
N95 G69;
N100 G68 X0 Y0 P-270000;
N110 G00 X-30.31 Y17.5;
N120 M98 P2002;
N130 G69;
N140 M05;
N150 M30;
%
```

挖槽子程序如下：

```
%
O2002;
N10 G01 Z0.5;
N20 G91 G02 X0 Y35 Z-0.5 R70;
N30 G03 Y-35 Z-1 R70;
N40 G02 Y35 Z-1.5 R70;
N50 G03 Y-35 Z-2   R70;
N60 G02 Y35 Z-2.5 R70;
N70 G03 Y-35 Z-3 R70;
N80 G02 Y35 R70;
N90G41G01X-10.69Y-17.5D01;
N100G03X5.49Y-20.5R41;
N110G03X10.39Y6R6;
N120G02X0Y29R29;
N130G03X10.39Y6R6;
N140G03Y-41R41;
N150G03X-2Y2R5;
N160 G00 Z33;
N170 M99;
%
```

✦✦✦✦✦ 课后习题 ✦✦✦✦✦

根据图 5-2 所示零件的加工要求，合理选择刀具和切削参数，编写加工程序。

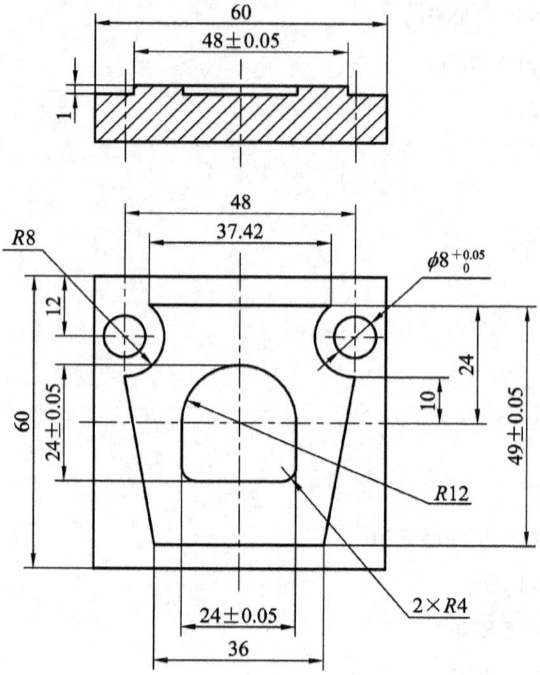

图 5-2 综合零件 2

综合零件加工(二)

项目目标

(1) 掌握综合零件加工工艺的制定。

(2) 掌握综合零件加工的准备和程序编制。

(3) 掌握综合零件加工的数控操作及零件试切。

(4) 训练提高综合零件加工的精度的方法。

项目训练

完成图 5-3 所示零件的编程与加工。

主要训练指令：G00、G01、G02、G03、G41、G42、G40、G81、G85、G49

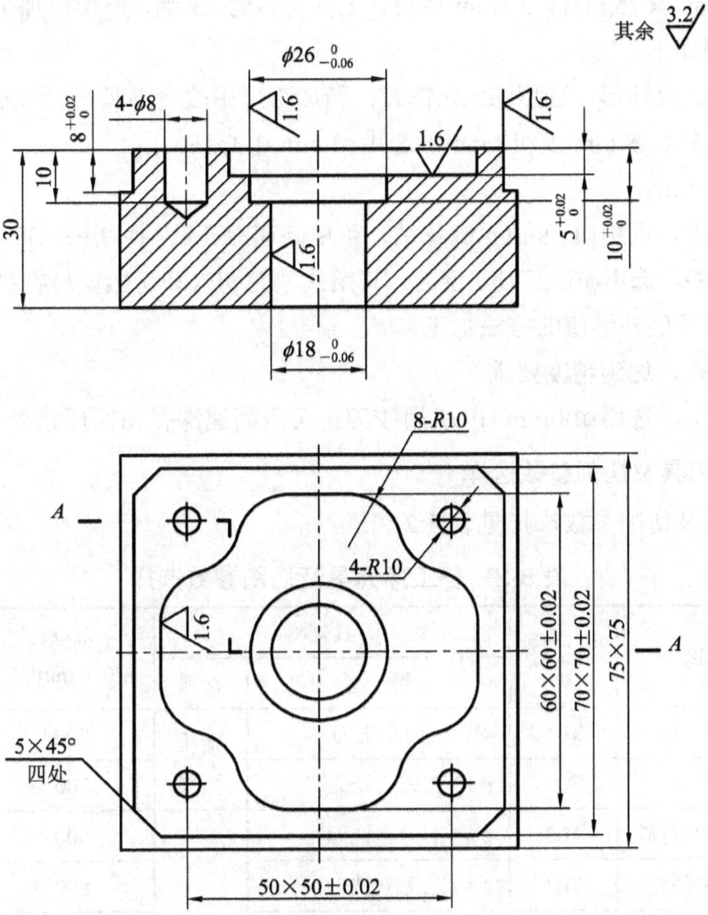

技术要求：

(1) 未注公差尺寸按GB1804-M。

综合零件加工(二)	比例	数量	材料	图号：5-3
	1∶1	1	45 钢	
姓名		日期	衡阳技师学院	
评分				

图 5-3　综合零件 3

引导训练

1. 工艺分析

零件几何特点：该零件由方凸台、梅花型腔、阶梯孔、四个均布孔组成。其几何形状为平面二维图形，方凸台、梅花型腔、阶梯孔精度等级均在 IT7～IT8，表面粗糙度为 1.6 μm。凸台、梅花型腔采用粗、精铣加工。阶梯孔先钻、后镗孔，达到加工要求，通孔钻后再铰。

2. 加工工序

毛坯为 75 mm × 75 mm × 30 mm 板材，工件材料为 45 钢，外形已加工，根据零件图样要求其加工工序如下：

(1) 粗加工凸台外形，选用ϕ12 立铣刀；精加工采用改变刀具半径补偿值的方法加工。

(2) 点孔加工 4-ϕ8 mm 及ϕ18 mm，选用ϕ3 mm 中心钻。

(3) 钻 4-ϕ8 mm。

(4) 钻孔加工，选用ϕ17.9 mm 麻花钻，可用高速深孔钻循环指令 G83。

(5) 梅花型腔，选用ϕ10 三刃立铣刀，其闭式型腔切入和切出安排在型腔中部；精加工采用改变刀具半径值补偿值的方法加工。

(6) 镗阶梯孔，达到精度要求。

(7) 铰孔加工，选用ϕ18 mm H9 机用铰刀，可用高速深孔钻循环指令 G85。

3. 各工序刀具及切削参数选择

各工序刀具及切削参数选择见表 5-2。

表 5-2　各工序刀具及切削参数选择

序号	加工面	刀具号	刀具规格		主轴转速 n/(r · min^{-1})	进给速度 V/(mm · min^{-1})
			类　型	材料		
1	粗加工凸台	T01	ϕ12 三刃立铣刀	硬质合金	500	120
2	精加工凸台	T01	ϕ12 三刃立铣刀		700	80
3	粗加工梅花型腔	T03	ϕ10 三刃立铣刀	高速钢	500	120
4	精加工凹型腔	T03	ϕ10 三刃立铣刀		800	80
5	点孔加工	T04	ϕ3 mm 中心钻		1200	120
6	钻孔加工	T05	ϕ8 mm 直柄麻花钻		800	50
7	钻孔加工	T06	ϕ17.9 mm 麻花钻		800	50
8	镗孔加工	T07	ϕ26 mm 孔		500	30
9	铰孔加工	T08	ϕ18 mm H9 机用铰刀		300	30

4. 参考程序

(1) 确定工件坐标系和对刀点。在 *XOY* 平面内确定以 *O* 点为工件原点，*Z* 方向以工件上表面为原点，建立工件坐标系。

(2) 参考程序。

① 铣外形选用ϕ12 的铣刀，程序如下：

```
%
O1000;
N10G90G40G49M03S500;
```

```
N20G00Z30;
N30X60Y-60;
N40G01Z-8F100;
N50G41X30Y-35D01;
N55X30;
N60X-30;
N70X-35Y-30;
N80Y30;
N90X-30Y35;
N100X30;
N110X35Y30;
N120Y-30;
N130X20Y-45;
N140G00Z30;
N150G40X70Y-35;
N160M05;
N170M30;
%
```

② 选用ϕ17.9 的麻花钻(钻孔)，程序如下：

```
%
O2000;
N10G90G40G49M03S500;
N20G00Z30;
N30X0Y0;
N40G01Z5F100;
N50G83G99X0Y0Z-17R5Q3F60;
N60G00Z30;
N70M05;
N80M30;
%
```

③ 镗孔程序如下：

```
%
O3000;
N10G90G40G49M03S500;
N20G00Z30;
```

```
N30X0Y0;
N40G01Z5F100;
N60G98G85X0Y0Z-10R5F50;
N70G00Z30;
N80M05;
N90M30;
%
```

④ 选用ϕ10 的铣刀(挖槽)，程序如下：

```
%
O4000;
N10G90G40G49M03S500;
N20G00Z30;
N30X0Y0;
N40G01Z-5F100;
N50G42X30Y-5.6351D01;
N60G02X22.468Y-15.3259R10;
N70G03X15.3175Y-22.5R10;
N80G02X5.635Y-30R10;
N90G01X-5.635;
N100G02X-15.3175Y-22.5R10;
N110G03X-22.468Y-15.3259R10;
N120G02X-30Y-5.6351R10;
N130G01Y5.6351;
N140G02X-22.468Y15.3259R10;
N150G03X-15.3175Y22.5R10;
N160G02X-5.635Y30R10;
N170G01X5.635;
N180G02X15.3175Y22.5R10;
N190G03X22.468Y15.3259R10;
N200G02X30Y3.6351R10;
N210G01X30Y-5.6351;
N220G02X22.468Y-15.3259R10;
N225G02X10Y-10R15;
N230G00Z30;
N240G40X70Y0;
```

```
N250M05;
N260M30;
%
```

⑤ 选用$\phi8$的麻花钻(钻孔)，程序如下：

```
%
O5000;
N10G90G40G49M03S500;
N20G00Z30;
N30G99G81X25Y25Z-10R5F80;
N40X-25;
N50Y-25;
N60X25;
N70G80G00X70Y0;
N80M05;
N90M30;
%
```

✦✦✦✦✦ 课后习题 ✦✦✦✦✦

根据图5-4所示零件的加工要求，合理选择刀具和切削参数，编写加工程序。

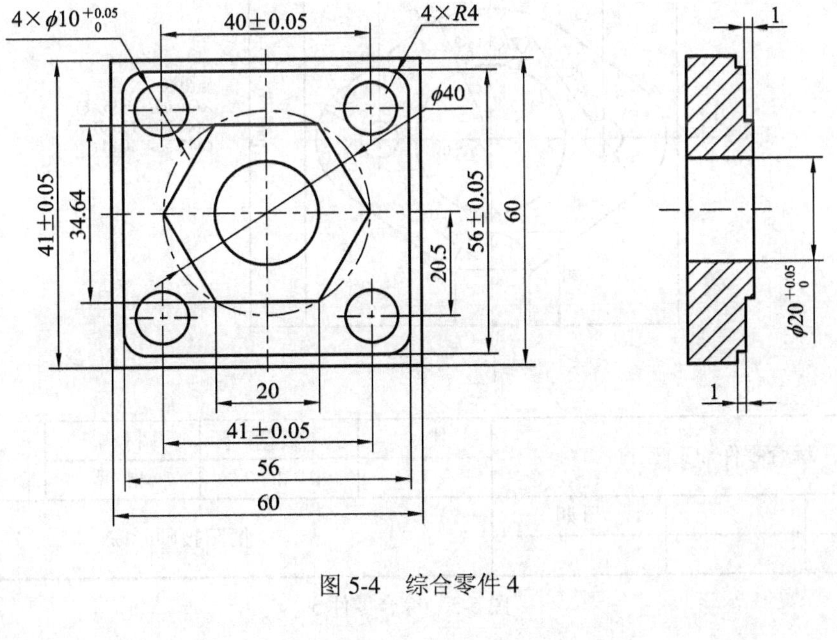

图5-4　综合零件4

综合零件加工(三)

项目目标

(1) 掌握综合零件加工工艺的制定。

(2) 训练综合零件加工的编程能力。

(3) 训练使用多把刀具对刀及换刀。

(4) 训练提高综合零件加工的精度的方法。

项目训练

完成图 5-5 所示零件的编程与加工。

主要训练指令：G00、G01、G02、G03、G41、G42、G40、G81、G85、G49

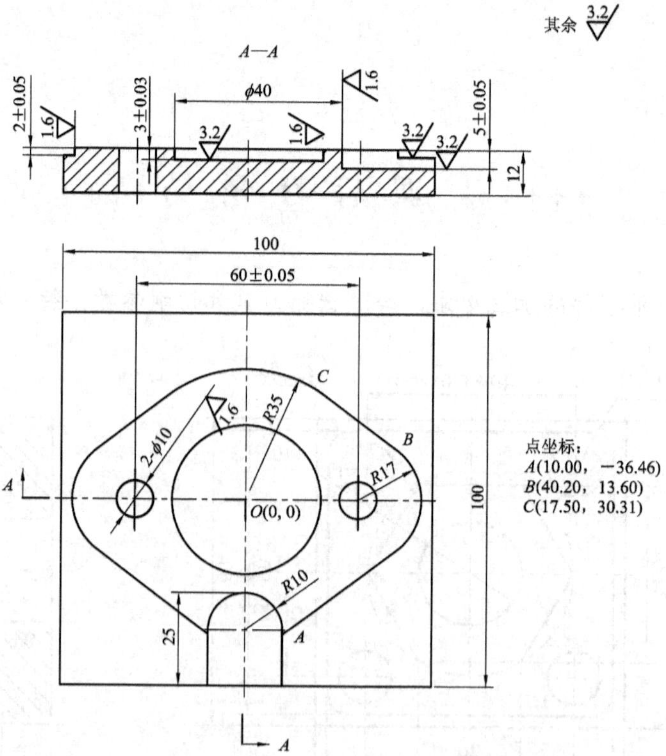

综合零件加工(三)	比例	数量	材料	图号：5-5
		1	45 钢	
姓名		日期	衡阳技师学院	
评分				

图 5-5　综合零件 5

引导训练

1. 工艺分析

零件几何特点：该零件由左右对称的凸台、型腔、孔组成。其几何形状为平面二维图形，零件的外轮廓为方形，闭式型腔尺寸精度为未注公差取公差中等级±0.1，表面粗糙度为 1.6 μm，开式槽表面粗糙度为 3.2 μm，需采用粗、精加工。孔为对称分布，表面粗糙度为 1.6 μm。

2. 加工工序

毛坯为 100 mm×100 mm×15 mm 板材，工件材料为 45 钢，外形已加工，根据零件图样要求其加工工序如下：

(1) 粗加工凸台外形，选用ϕ30 立铣刀，加工面大，可提高加工效率；凹型腔，选用ϕ16 三刃立铣刀，其闭式型腔切入和切出安排在型腔中部；精加工采用改变刀具半径值补偿值的方法加工。

(2) 点孔加工，选用ϕ3 mm 中心钻。

(3) 钻孔加工，选用ϕ7.6 mm 直柄麻花钻，可用高速深孔钻循环指令 G83。

(4) 铰孔加工，选用ϕ8 mm H9 机用铰刀，可用高速深孔钻循环指令 G85。

3. 各工序刀具及切削参数选择

各工序刀具及切削参数选择见表 5-3。

表 5-3　各工序刀具及切削参数选择

序号	加工面	刀具号	刀具规格		主轴转速 $n/(\mathrm{r \cdot min^{-1}})$	进给速度 $V/(\mathrm{mm \cdot min^{-1}})$
			类　型	材料		
1	粗加工凸台	T01	ϕ30 三刃立铣刀	硬质合金	500	120
2	精加工凸台	T02	ϕ12 三刃立铣刀		800	80
3	粗加工凹型腔	T03	ϕ16 三刃立铣刀	高速钢	800	120
4	精加工凹型腔	T03	ϕ16 三刃立铣刀		800	80
5	点孔加工	T04	ϕ3 mm 中心钻		1200	120
6	钻孔加工	T05	ϕ7.6 mm 直柄麻花钻		800	80
7	铰孔加工	T06	ϕ8 mm H9 机用铰刀		300	50

4．参考程序

(1) 确定工件坐标系和对刀点。在 *XOY* 平面内确定以 *O* 点为工件原点，*Z* 方向以工件上表面为原点，建立工件坐标系。

(2) 参考程序。

① 外形加工(选用ϕ30 铣刀粗加工、ϕ12 铣刀精加工)程序如下：

```
%
O1234;
N10G90G01Z20M03S500F200;
N20X-70Y-36.46;
N30G42G01X-65D01;
N40Z-3;
N50X10;
N60X40.20Y-13.60;
N70G03X40.20Y13.60R17;
N80G01X17.50Y30.31;
N90G03X-17.50Y30.31R35;
N100G01X-40.20Y13.60;
N110G03X-40.20Y-13.60R17;
N120G01X-10.00Y-34.46;
N130X60;
N140G40G01X80;
N150G00Z20;
N160M05;
N170M30;
%
```

② 型腔、槽加工(选用ϕ12 铣刀精加工)程序如下：

```
%
O5678;
N10G90G01M03S500Z20F200;
N20X-10Y-75;
N30G42X-10Y-65F200D01;
N40Z-5;
N50Y-36.46;
N60G02X10.00Y-34.46I-10J0;
N70G01Y-70;
```

```
N80Z20;
N90G40X-10Y0;
N100Z1F100;
N110X10;
N120X-10Z0;
N130X10Z-0.5;
N140X-10Z-1;
N150X10Z-1.5;
N160X-10Z-2;
N170X10Z-2.5;
N180X-10Z-3;
N190G41X10;
N200G03X20YOI20J0;
N210X10Y0I10J0;
N220G01Z20;
N230G40X70;
N240M05;
N250M30;
```

③ 钻削加工(选用ϕ10 钻头)程序如下：

```
%
O6789;
N10G90G00Z30S350M03;
N20X-30Y0;
N30G99G83Z-20R30Q2F80;
N40X30;
N50G80;
N60M05;
N70M30;
%
```

✦✦✦✦✦ 课后习题 ✦✦✦✦✦

根据图 5-6 所示零件的加工要求，合理选择刀具和切削参数，编写加工程序。

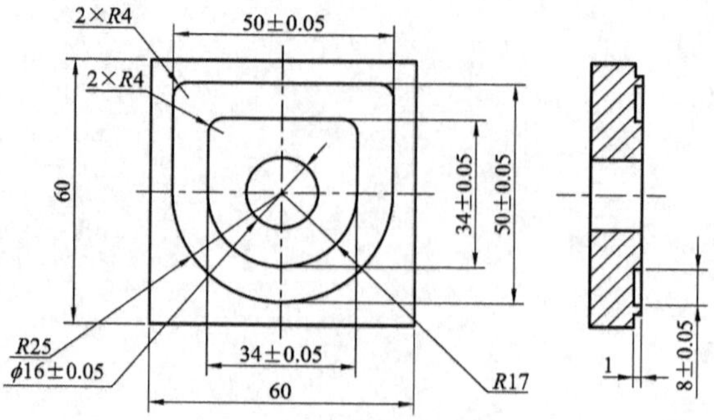

图 5-6　综合零件 6

综合零件加工(四)

项目目标

(1) 掌握综合零件加工工艺的制定。

(2) 训练综合零件加工的数控操作能力。

(3) 训练使用多把刀具对刀、换刀及程序编制。

(4) 训练提高综合零件加工的精度的方法。

项目训练

完成图 5-7 所示零件的编程与加工。

主要训练指令：G00、G01、G03、G02、G41、G42、G40、G81、G85、G49

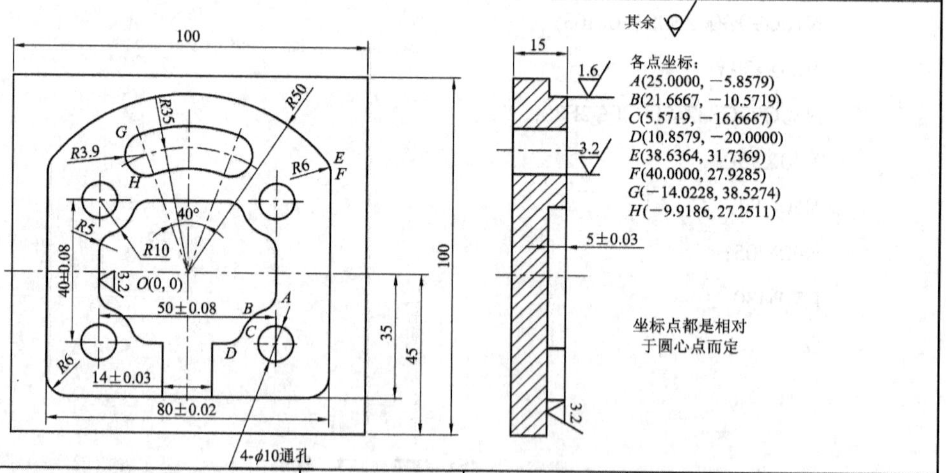

综合零件加工(四)		比例	数量	材料	图号：5-7
			1	45 钢	
姓名		日期	衡阳技师学院		
评分					

图 5-7　综合零件 7

引导训练

1. 工艺分析

零件几何特点：该零件由一个左右对称的凸台、一个左右对称的型腔、一条圆弧槽和左右对称的四个孔组成。其几何形状为平面二维图形，零件的外轮廓为方形，开式型腔，尺寸精度为±0.01，表面粗糙度为1.6 μm，圆弧槽表面粗糙度为3.2 μm，需采用粗、精加工。孔为对称分布，表面粗糙度为1.6 μm。

2. 加工工序

毛坯为100 mm × 100 mm × 15 mm板材，工件材料为45钢，外形已加工，根据零件图样要求其加工工序如下：

(1) 粗加工凸台外形，选用ϕ80立铣刀，加工面大，可提高加工效率；开口型腔，选用ϕ8三刃立铣刀，其切入和切出安排在开口型腔正下部开口处；槽的加工选用ϕ8三刃立铣刀，采用螺旋式沿轮廓下刀；精加工采用改变刀具半径值补偿值的方法加工。

(2) 点孔加工，选用ϕ3 mm中心钻。

(3) 钻孔加工，选用ϕ12 mm直柄麻花钻，可用高速深孔钻循环指令G83。

(4) 铰孔加工，选用ϕ8 mm H9机用铰刀，可用高速深孔钻循环指令G85。

3. 各工序刀具及切削参数选择

各工序工具及切削参数选择见表5-4。

表5-4 各工序刀具及切削参数选择

序号	加工面	刀具号	刀具规格		主轴转速 n/r·min^{-1}	进给速度 V/mm·min^{-1}
			类　型	材料		
1	粗加工凸台	T01	ϕ80立铣刀	硬质合金	1000	200
2	精加工凸台	T02	ϕ8三刃立铣刀		1800	100
3	粗加工开口型腔	T02	ϕ8三刃立铣刀	高速钢	600	120
4	精加工开口型腔	T02	ϕ8三刃立铣刀		800	50
5	粗加工圆弧型槽	T02	ϕ8三刃立铣刀		600	120
6	精加工圆弧型槽	T02	ϕ8三刃立铣刀		800	50
7	点孔加工	T03	ϕ3mm中心钻		1200	120
8	钻孔加工	T04	ϕ12 mm直柄麻花钻		500	50
9	扩孔加工	T05	ϕ19.8 mm扩孔钻		500	80
10	铰孔加工	T06	ϕ8 mmH9机用铰刀		300	30

4．参考程序

(1) 确定工件坐标系和对刀点。在 *XOY* 平面内确定以 *O* 点为工件原点，*Z* 方向以工件上表面为原点，建立工件坐标系。

(2) 外形加工程序。

① 铣外形加工(选用ϕ80 立铣刀)程序如下：

```
%
O1000;
N10G49G40G00G90Z30S400M03;
N20G01X-70Y-35F200;
N40Z-5F100;
N50G42X-40D01;
N60X34;
N70G03Y29R6;
N80G01X40Y27.9285;
N90G03X38.6364Y31.7369R6;
N100X-38.6364R50;
N110X-40Y27.9285R6;
N120G01X-40Y-29;
N130G03X-34Y-35R6;
N140GO1X0;
N150Z20;
N160G40Y-70;
N170M05;
N180M30;
%
```

② 铣开口型腔加工(选用ϕ8 立铣刀)程序如下：

```
%
O1000;
N10G49G40G00G90Z30S500M03;
N20G01X0Y-50F200;
N40Z-5F100;
N50G41X7Y-35D02;
N60Y-20;
N70X10.8579;
N80G03X5.5719Y-16.6667R10;
```

```
N90G02X21.6667Y-10.5719R5;
N100G03X25Y-5.8579R5;
N110G01X25Y5.8579;
N120G03X21.6667Y10.5719R5;
N130G02X5.5719Y16.6667R10;
N140GO3X10.8579Y20R5;
N150G01X-10.8579Y20;
N160G03X-5.5719Y16.6667R5;
N170G02X-21.6667Y10.5719R10;
N180G03X-25Y5.8579R5;
N190G01Y-5.8579;
N200G03X-21.6667Y-10.5719R5;
N210G02X-5.4719Y-16.6667R10;
N220G03X-10.8579Y-20R5;
N230G01X-7;
N240Y-50;
N250Z20;
N260G40Y-60;
N270M05;
N280M30;
%
```

③ 铣圆弧槽加工(选用ϕ8 立铣刀)程序如下：

```
%
O1000;
N10G49G40G00G90Z30S500M03;
N20G01X-10Y35F200;
N40Z0F100;
N50X10Z-0.5;
N60X-10Z-1;
N70X10Z-1.5;
N80X-10Z-2;
N90X10Z-2.5;
N100X-10Z-3;
N110X10Z-3.5;
N120X-10Z-4;
```

```
N130X10Z-4.5;
N140X-10Z-5;
N150X10Z-5.5;
N160X-10Z-6;
N170X10Z-6.5;
N180X-10Z-7;
N190X10Z-7.5;
N200X-10Z-8;
N210X10Z-8.5;
N220X-10Z-9;
N230X10Z-9.5; N240X-10Z-10;
N250X10Z-10.5;
N260X-10Z-11;
N270X10Z-11.5;
N280X-10Z-12;
N290X10Z-12.5;
N300X-10Z-13;
N310X10Z-13.5;
N320X-10Z-14;
N330X10Z-14.5;
N340X-10Z-15;
N350Z-5;
N360G42X14.032Y38.527;
N370G02X9.909Y27.224R6;
N380G03X-9.909Y27.224R29;
N390G02X-14.023Y38.527R6;
N400X14.023R41;
N410G01Z20,
N420X14.023Y38.527;
N430Z-10;
N440G02X9.909Y27.224R6;
N450G03X-9.909Y27.224R29;
N460G02X-14.023Y38.527R6;
N470X14.023R41;
N480G01Z20;
```

```
N490X14.023Y38.527;
N500Z-15;
N510G02X9.909Y27.224R6;
N520G03X-9.909Y27.224R29;
N530G02X-14.023Y38.527R6;
N540X14.023R41;
N550G01Z20;
N560G40X0Y70;
N570M05;
N580M30;
%
```

④ 钻削加工(选用ϕ3 中心钻、ϕ12 麻花钻、ϕ19.8 扩孔钻)程序如下：

```
%
O6789;
N10G90G00Z30S1200M03;
N15G43Z10H03;
N20X-30Y20;
N30G99G83Z-20R10Q3F80;
N40X30;
N50 G99G83Z-20R10Q3F80;
N60Y-20;
N70G99G83Z-20R10Q3F80;
N80X-30;
N90G99G83Z-20R10Q3F80;
N100G80;
N105G49G00Z10;
N110M05;
N120M30;
%
```

⑤ 铰削加工程序如下：

```
%
O6789;
N10G90G00Z30S300M03;
N20X-30Y20;
N25G43Z10H07;
```

```
N30G99G85Z-20R10F80;
N40X30;
N50 G99G85Z-20R10F80;
N60Y-20;
N70G99G85Z-20R10F80;
N80X-30;
N90G99G85Z-20R10F80;
N100G80;
N105G49Z10;
N110M05;
N120M30;
%
```

课后习题

根据图5-8所示零件的加工要求，合理选择刀具和切削参数，编写加工程序。

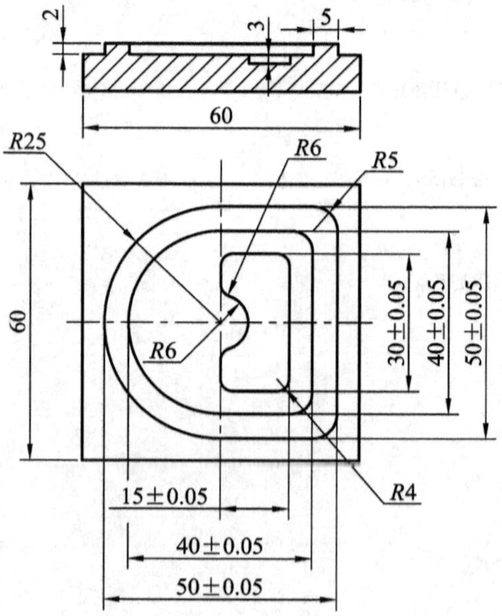

图5-8 综合零件8

参 考 文 献

[1] 申晓龙. 数控铣床零件编程与加工[M]. 北京：化学工业出版社，2012.

[2] 李爱敏. 数控加工工艺[M]. 长沙：国防科技大学出版社，2010.

[3] 北京发那克机电有限公司. BEIJING-FANUC-0i Mate-TB 操作说明书，2003.

[4] 数控加工技术师手册编委会. 数控加工技师手册[M]. 北京：机械工业出版社，2005.

[5] 潘光华，王吉连. 数控铣削编程与加工[M]. 北京：中国劳动社会保障出版社，2012.

[6] 韩鸿鸾，丛军滋. 数控加工工艺学[M]. 北京：中国劳工社会保障出版社，2012.

[7] 王公安. 机械制造工艺基础[M]. 北京：中国劳工社会保障出版社，2011.

[8] 韩鸿鸾. 数控编程[M]. 北京：中国劳动社会保障出版社，2004.

[9] 朱来发. 数控机床编程与实训模块化教程[M]. 北京：北京出版社，2007.

[10] 王吉连，王吉庆. AITUD 教学法及教学设计浅探[J]. 中国职业技术教育："AITUD 教学模式"专题，2011.

[11] 高琪妹. 零件数控铣削编程与加工[M]. 北京：化学工业出版社，2012.

[12] 陈洪涛. 数控加工工艺与编程[M]. 北京：高等教育出版社，2009.

[13] 吴明友. 数控铣床(FANUC)考工实训教程[M]. 北京：化学工业出版社，2006.